高等职业教育本科医疗器械类专业规划教材

医用金属材料学

（供新材料与应用技术专业用）

主　编　朱超挺

副主编　阮志龙　陈阔秧

编　者　（以姓氏笔画为序）

朱超挺（浙江药科职业大学）

刘　聪（宁波韦科医疗科技有限公司）

阮志龙（绍兴市质量技术监督检测院）

李静敏（浙江药科职业大学）

吴小林（宁波宇鑫医疗器械有限公司）

张建明（宁波汉科医疗器械有限公司）

陈阔秧（浙江广慈医疗器械有限公司）

倪那凯（浙江欧健医用器材有限公司）

徐　依（宁波览途医疗科技有限公司）

黄盖鹏（美康生物科技股份有限公司）

中国健康传媒集团
中国医药科技出版社 · 北京

内容提要

本教材是“高等职业教育本科医疗器械类专业规划教材”之一，系根据高等职业教育本科人才培养方案和本套教材整体要求编写而成。全书共4章：常见医用金属材料及其标准、新型医用金属材料、医用金属材料测试方法、医用金属材料的表面改性及其应用。教材每章设置学习目标、实例分析、知识链接、目标检测等模块，旨在增强教材可读性，激发学生学习兴趣，帮助学生拓展视野。

本教材主要供高等职业本科院校新材料与应用技术专业师生作为教材使用，也可作为相关从业人员的参考用书。

图书在版编目（CIP）数据

医用金属材料学 / 朱超挺主编. -- 北京 : 中国医药科技出版社，2025. 8. -- ISBN 978-7-5214-5430-7

Ⅰ. R318.08;TG14

中国国家版本馆 CIP 数据核字第 2025GP0816 号

美术编辑 陈君杞
版式设计 友全图文

出版 **中国健康传媒集团** | 中国医药科技出版社
地址 北京市海淀区文慧园北路甲 22 号
邮编 100082
电话 发行：010－62227427 邮购：010－62236938
网址 www. cmstp. com
规格 889mm×1194mm $^{1}/_{16}$
印张 7 $^{1}/_{4}$
字数 206 千字
版次 2025 年 8 月第 1 版
印次 2025 年 8 月第 1 次印刷
印刷 北京金康利印刷有限公司
经销 全国各地新华书店
书号 ISBN 978-7-5214-5430-7
定价 39.00 元

获取新书信息、投稿、为图书纠错，请扫码联系我们。

数字化教材编委会

主　编　朱超挺

副主编　阮志龙　陈阔秧

编　者　（以姓氏笔画为序）

朱超挺（浙江药科职业大学）

刘　聪（宁波韦科医疗科技有限公司）

阮志龙（绍兴市质量技术监督检测院）

李静敏（浙江药科职业大学）

吴小林（宁波宇鑫医疗器械有限公司）

张建明（宁波汉科医疗器械有限公司）

陈阔秧（浙江广慈医疗器械有限公司）

倪那凯（浙江欧健医用器材有限公司）

徐　依（宁波览途医疗科技有限公司）

黄盖鹏（美康生物科技股份有限公司）

前言 PREFACE

为深入贯彻国家教育方针，紧密跟随医疗器械行业发展的时代节拍，将党的二十大作为“精神灯塔”以及现代职教发展理念这一“行动指南”充分融入教材建设之中，编者们积极投身于本教材的编写工作。

医用金属材料作为生物医用材料的重要组成部分，在现代医学领域中发挥着不可替代的关键作用。随着医疗技术的飞速发展和人们对生命健康质量要求的不断提高，医用金属材料的研究与应用日益受到广泛关注。本教材旨在为读者提供一本全面、系统且实用的医用金属材料学教材，以满足相关专业学生、医疗器械研发人员、临床医生以及对医用金属材料感兴趣的科研人员的学习与参考需求。

本次编写基于医用材料行业人员的执业能力，以“理论知识 + 检测方法 + 产品标准”为教材编写逻辑主线，设计教材框架。编写过程中，注重理论与实践相结合。一方面，深入阐述典型医用金属材料和新型医用金属材料的基本概念、分类、性能特点等基础理论知识，帮助读者构建扎实的理论基础；另一方面，紧密结合产业实际应用，详细介绍医用金属材料的性能测试和表面改性方法，使读者能够深入了解医用金属材料从实验室到产业应用的标准化过程，培养其解决实际问题的能力。

本教材编写分工如下：朱超挺、刘聪、张建明编写第一章，李静敏、倪那凯、吴小林编写第二章，阮志龙、陈阔秧编写第三章，徐依、黄盖鹏编写第四章。

本教材适用于医疗器械和医用材料相关专业的高职高专院校学生和职业本科院校学生，也可作为从事医用金属材料研究、生产和应用的专业人员的参考书。我们希望通过本教材的学习，能够激发读者对医用金属材料学的兴趣和热情，培养出更多具备创新能力和实践经验的专业人才，为推动医用金属材料领域的发展和应用做出贡献。

在编写过程中，我们得到了众多专家、学者和同行的大力支持和帮助，在此表示衷心的感谢。由于编者能力有限，书中难免存在疏漏之处，敬请读者批评指正。

编　者
2025 年 5 月

CONTENTS 目录

第一章　常见医用金属材料及其标准

学习目标

1. **掌握**　医用纯钛及钛合金与医用不锈钢的理化性能、生物学性能以及临床应用情况。

2. **熟悉**　典型医用金属材料相关的国家和行业强制性、推荐性标准。

3. **了解**　医用金属发展材料历史及医用金属材料的生物安全性的重要性。

4. 学会用所学知识判别普通金属与医用金属材料的区别，区分医用纯金属和医用合金的使用特点。

5. 具备阅读与分析医用金属材料相关标准的能力。

实例分析

实例　某医院的手术室正在进行一场外科手术。手术的对象是著名篮球运动员。之前，因比赛中的一次碰撞，该运动员腿部产生了骨裂。此时，医生根据术前规划，将一个长条状的金属固定于该患者的骨头。不久之后，某个篮球比赛现场，观众们又看到了这位篮球运动员的身影。

问题　1. 该名运动员重返赛场的主要医疗手段是什么？

2. 这种金属需要满足哪些特性？

第一节　医用金属材料发展历史及现状

一、概述

医用金属材料也被称为外科植入金属材料，主要用于诊断、治疗，以及替换人体中的组织或增进其功能。由于具有机械强度高、抗疲劳性能强以及加工工艺成熟等特点，被广泛应用于骨科、口腔科、心血管和消化系统。

二、医用金属材料的发展历史

医用金属材料是人类最早临床应用的生物材料之一。如图 1－1 所示，其临床应用最早可追溯到公元前 300 年左右，当时的腓尼基人将金属丝用于修复牙缺失。经过漫长岁月的发展，直至 19 世纪后期，人类首次利用贵金属银对患者的膝盖骨进行缝合，以及利用镀镍钢螺钉进行骨折治疗。此后，研究人员开始了对医用金属材料的系统研究。20 世纪 30 年代，随着钴铬合金、不锈钢和钛及合金的相继开发成功，并在齿科和骨科中得到广泛的应用，逐步奠定了医用金属材料在生物医用材料中的重要地位。70 年代，Ni－Ti 形状记忆合金在医学中的成功应用以及金属表面生物医用涂层材料的发展，使生物医用金属材料得到了极大的发展。

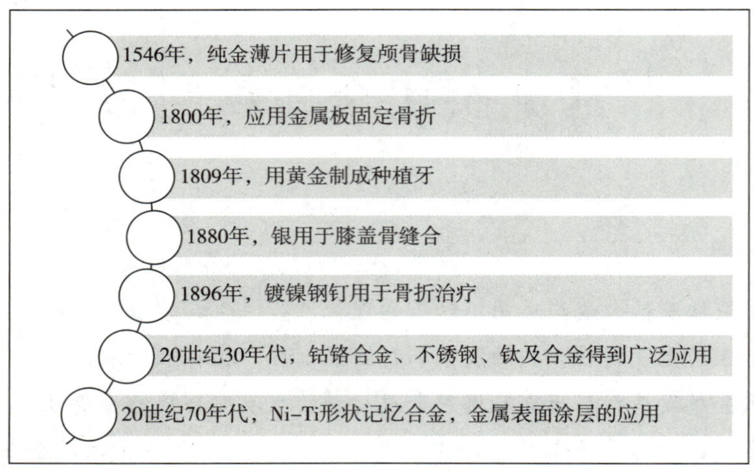

图 1-1 医用金属材料发展历程

近年来，相比于医用高分子材料、医用复合材料以及医用杂化和衍生材料等生物医用材料，医用金属材料的发展缓慢相对缓慢，但其独有的高强度、高韧性及高抗弯曲疲劳强度等特性，是其他生物医用材料不可替代的。医用金属材料目前仍旧是医学应用中最广泛的承力植入材料。尤其随着金属增材制造打印技术的发展，医用金属材料得到了更广泛的应用，如骨折内固定板、螺钉、人工关节和牙根种植体等。

三、医用金属材料的发展现状

目前，生物医用金属材料主要包括永久性植入金属材料、生物可降解金属材料、多孔医用金属材料，往往兼具高强韧性、耐疲劳、易加工成形、临床使用可靠等特点。其中，临床使用及研究较多的种类有钛及钛基合金、钴基合金、形状记忆合金、贵金属、纯金属铌、锆基合金、镁基与锌基合金、钽等。

生物医用金属材料较多用于外科辅助器材、牙和骨等硬组织修复与替换、心血管与软组织修复、人工器官等。其临床应用面临的主要问题有人体生理环境腐蚀造成金属离子溶出及向周围组织扩散，以及植入材料自身性质退变。前者可能导致毒副作用，后者常常导致植入物失效。因此，研究人员的主要研发重点在于增强材料的耐蚀性、提高生物相容性等，即要求材料具有良好的生物力学性能和抗生理环境腐蚀性、优异的生物相容性，使得不同化学成分及结构类型的医用金属器械能在人体不同部位的疾病治疗过程中得以适配应用。

（一）永久性植入金属材料

永久性植入金属材料因其优异的综合力学性能、加工成形性能、稳定安全性，相较其他类型、同类应用的材料具有明显优势，目前以钛及其合金、钴基合金、形状记忆合金、钽金属、贵金属等为主要类型。永久性植入金属材料在生物医用领域中的应用呈快速发展态势。

钛及其合金在人工关节、骨科植入体、口腔修复、颌面外科修复、血管支架等方面获得了广泛应用，较好地实现了人体硬组织的结构支撑修复与替代（图 1-2）。低弹性模量医用钛合金是未来的重要发展方向，有利于提升钛合金与骨组织的生物力学匹配性、改善植入器械与周围骨组织之间的应力传导、缓解应力屏蔽或集中导致的骨吸收现象；目前已有 3 种（Ti-13Nb-13Zr、Ti-12Mo-6Zr-2Fe、Ti-15Mo-3Nb）列入美国材料与试验协会的医用植入材料库，获得了初步的临床应用。

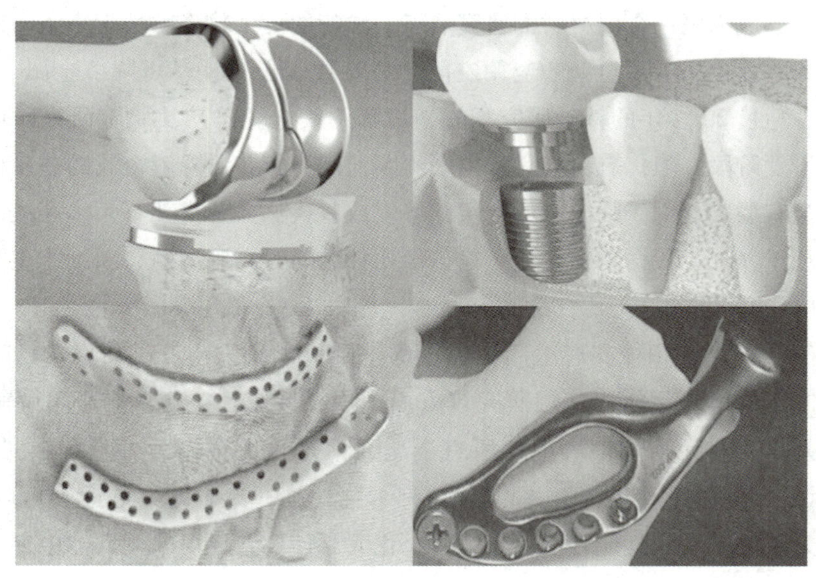

图 1－2　钛及其合金的临床应用

Ni－Ti 形状记忆合金（图 1－3）因其独特的形状记忆特性与超弹性、良好的生物相容性，在齿科、骨科、心血管介入等方面得到广泛应用。但临床研究表明，Ni－Ti 合金在人体中长期使用后，因腐蚀造成镍离子溶出，可引发致敏、细胞毒性甚至致癌性等生物安全问题。因此，新型无镍形状记忆合金成为医用形状记忆合金的研究重点。以 Ti－Nb、Ti－Zr、Ti－Ta 为基础的二元合金体系，可获得具有形状记忆效应、超弹性、优良生物安全性的新型医用无镍形状记忆合金。

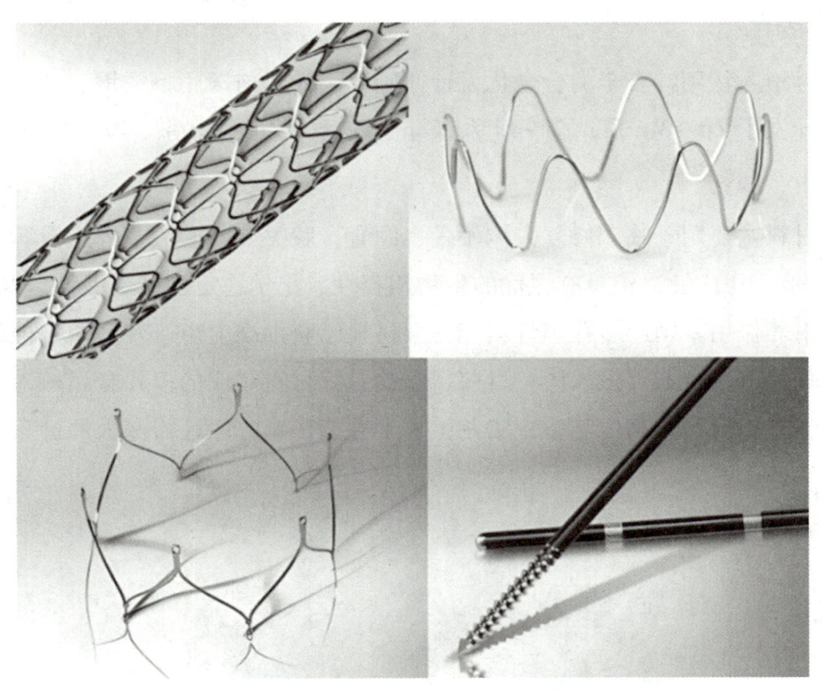

图 1－3　Ni－Ti 形状记忆合金

（二）生物可降解金属材料

生物可降解金属指可在人体内逐渐被体液或血液腐蚀降解的金属、合金、金属基复合材料，降解形成的产物给机体带来恰当的宿主反应，在协助机体完成组织修复使命之后将全部溶解而不残留任何植入物。

可降解金属目前已成为医用金属材料的研究热点，独特的可生物降解性带来了与永久性植入金属材料截然不同的科学问题，也拓展了全新的应用空间。典型代表包括镁基可降解金属、锌基可降解金属、铁基可降解金属等。通过 20 多年的基础研究积累，可降解镁合金已从实验室研究阶段转换到企业开展医疗器械创新产品研发阶段，但仍有新的科学问题不断涌现；锌基可降解金属的基础研究已具雏形。可降解镁合金和锌合金有望广泛用于临床中的硬组织修复或替代、血管支架等。多孔镁合金可为细胞提供三维生长空间，有利于养分、代谢物的交换运输，但拓扑结构对细胞增殖、新细胞生长等的影响需要进行更多的体外和体内研究。

中国自“十二五”时期起积极支持医用镁合金的基础科学研究与产品研发，已经在不同成分的医用镁合金及器械研制、从体外到体内应用研究等方面开展了系统性工作。基于可降解金属的生物降解性、生物相容性双判据，对元素周期表中的所有金属元素是否适合作为可降解金属进行了筛选；钙、钾、钠、镁、锌、铷、锶、锡、钡、锰、锂、铯、钼、钇、钪、铼、钨等是适合可降解金属应用的元素，镁、锌适合作为基体元素，其他元素可作为合金化元素使用；还可采用人体中存在的非金属元素作为合金化元素，如氧、碳、氢、氮、磷、硫、氟、硅、硒。在生物可降解金属相关基础理论研究、临床转化应用方面取得的原创性工作如下。

（1）开发了“三性”（生物安全性、强韧性、降解可控性）合一的新型医用镁合金，血管支架专用生物镁合金（Mg – Zn – Y – Nd、Mg – Nd – Zn – Zr）。

（2）发展了洁净化、均质化、细晶化的镁合金材料加工制备技术方法。

（3）阐明了镁促进新骨形成的协同作用机制，揭示了外周感觉神经在骨代谢中的关键作用。

（4）完成镁离子在骨愈合早期炎症阶段、后期重塑阶段的双相作用研究，加深对镁离子在骨愈合过程中功能多样性的理解。

（5）提出了骨科植入物用锌合金的合金化设计原则，设计了与医用不锈钢、纯钛力学性能相当的可降解锌合金体系，开发了 Zn – Mg 系、Zn – Li 系、Zn – Fe 系、Zn – Mn 系、Zn – Cu 系可降解锌合金。

（三）多孔医用金属材料

多孔医用金属材料主要用于临床修复人体颅骨、颌骨、膝关节、髋关节等遭受病变或损伤的骨组织部位，如图 1 – 4 所示。相比钛，钽具有更优的生物相容性、化学稳定性、延展性以及促进骨细胞增殖、分化和成骨细胞黏附等作用。国产多孔钽骨填充支架材料已获批准上市，较多用于椎间融合器、髋关节臼杯、胫骨平台、踝关节融合器等植入体。目前，以钛、钽材料制成的多孔金属植入体，其制备方法主要是粉末冶金和化学气相沉积，其他制备方法在生物学性能影响方面还需深入评价。

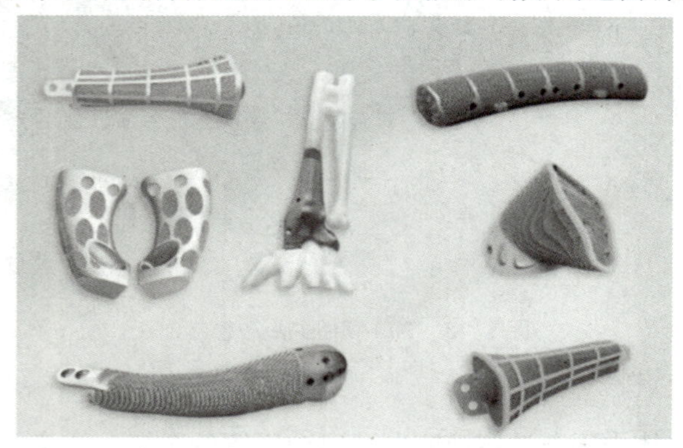

图 1 – 4　多孔医用金属植入产品

提升多孔钛合金的性能，重点在于实现低的弹性模量和高的骨结合强度，其中孔结构控制至关重要；临床使用发现，具有定向有序、梯度结构、拓扑结构等复杂孔隙分布的多孔钛合金，在力学、生物学性能方面与人体骨组织更加兼容。多孔钛合金的疲劳行为与孔隙结构、表面粗糙度、内部缺陷密切相关；在相同的孔隙结构下，多孔钽相比多孔钛具有更好的塑性和抗疲劳能力。

知识链接

中科院金属研究所自主研发含铜抗菌医用不锈钢

中国科学院金属研究所首次在国际上提出金属材料的生物功能化这一创新思想并取得系列成果。研究团队在医用金属材料生物功能化方面陆续取得了系列含铜抗菌不锈钢及相关植入产品、新型不锈钢心血管支架材料等一系列新成果，处于国际领先水平，部分已申请国家专利并将进入临床应用。

研究团队研制成功的新型316L－Cu不锈钢心血管支架材料，自身具有降低支架内再狭窄发生率的生物医学功能。研究团队还根据骨科植入材料需要与骨组织紧密结合的临床需求，开发出新型317L－Cu不锈钢，该材料可明显提高其周围骨组织的骨密度和骨量，增强与骨组织的结合力，可明显促进早期成骨过程。

第二节　医用金属材料的生物安全性要求

在医学领域中，医用金属材料的特性与应用标准有着严格且明确的界定。从性能要求来看，医用金属材料不仅自身要具备优良的生物惰性，同时需要具备良好的力学支撑，从而达成修复和治疗人体相关部位的目的。此外，还必须契合“医用级”的使用规范。这一规范强调，当医用金属材料处于人体组织和血液环境时，其浸提液中的金属浓度需维持在人体可耐受的区间内，不能对人体产生不良影响。在所有的性能考量因素中，长期使用的安全性和可靠性始终是医用金属材料的首要要求。就金属医用材料的毒性而言，它并非单纯取决于合金元素的毒性程度及其含量，合金自身的耐蚀性和耐磨性同样与之密切相关。以下将详细阐述其具体表现。

一、毒性要求

1. 合金元素毒性　构成医用金属材料的合金元素不能具有高毒性。例如，铅、汞等重金属元素绝对禁止用于医用金属材料，因其在体内会干扰细胞正常代谢，损害神经系统、肾脏等重要器官。材料中即使存在低毒性元素，其含量也需严格控制在安全范围内，防止长期积累对人体造成危害。

2. 浸提液金属浓度　在人体组织和血液环境的浸提液中，医用金属材料释放的金属离子浓度必须处于人体可承受水平。通过模拟人体生理环境的体外浸提实验，检测金属离子的溶出量。例如，对于常见的骨科植入用不锈钢材料，规定其浸提液中镍、铬等金属离子浓度不能超过特定阈值，以避免引发潜在的毒性反应。

二、化学稳定性

化学稳定性指材料具有高度的惰性，不因体液环境变化而变化，结构稳定，其化学稳定性具体表现如下。

1. 化学与电离性腐蚀抗性 医用金属材料需具备良好的抗化学性和电离性腐蚀能力。在体内复杂的化学环境中，如存在多种电解质、酸碱物质等，材料不应发生腐蚀反应而被破坏。例如，钛及钛合金因其表面能形成稳定的氧化膜，具有优异的抗腐蚀性能，可有效防止金属离子溶出，保证在体内长期使用的稳定性。

2. 抗溶解和膨胀 材料在体内不能发生溶解或膨胀现象。溶解会导致金属离子释放，可能产生毒性或引发其他不良反应；膨胀则可能破坏周围组织的正常结构和功能。例如，医用金属材料在设计和制备过程中，要通过优化成分和加工工艺，保证材料在各种生理条件下都能保持稳定的体积和结构，不会因与体液接触而发生溶解或膨胀。

3. 应力腐蚀开裂抗性 材料在承受机械应力的同时，还需抵抗因腐蚀导致的应力集中而引发的开裂现象。在骨科植入物中，植入体不仅要承受人体运动产生的力学载荷，还处于体液腐蚀环境中，因此必须具备对应力腐蚀开裂的抗性，确保植入物在使用期内的完整性。

4. 使用、储存和消毒中的稳定性 医用金属材料在使用、储存和消毒过程中都应保持稳定。在储存期间，材料不会因环境因素发生变质；在常规消毒方式（如高温高压蒸汽消毒、环氧乙烷消毒等）下，材料的性能和结构不会受到影响。例如，不锈钢医疗器械在多次高温高压蒸汽消毒后，仍能保持其力学性能和表面特性，满足临床使用要求。

三、生物相容性

根据国际标准化组织（International Organization for Standardization，ISO）对于生物相容性及其评价标准的解释，生物相容性是指生命体组织对非活性材料产生反应的一种性能，一般是指材料与宿主之间的相容性，即要求生物材料具有很低的毒性，同时要求生物材料在特定的应用中能够恰当地激发机体相应的功能。但由于人体系统组成结构的复杂性和生物医学材料应用目的的多样性，很难用统一的尺度来衡量生命体组织与非生命材料的交互影响是否合乎要求或可以接受。同一种机体响应，对某一应用来讲是应尽量减轻甚至需要避免的，但对另一种应用来说，也许是可以接受的甚至是所要追求的目标。

目前，影响生物相容性的主要因素包括：①材料物理化学性能、形态学和表面特性表征；②工艺过程中预期的添加剂，产生的工艺污染物和残留物；③可沥滤物质；④不同组件间的相互作用；⑤最终产品的性能与特点。

常见生物相容性项目如下。

1. 无热原反应 热原是能引起恒温动物体温异常升高的物质，通常是微生物的代谢产物。医用金属材料在生产、加工和使用过程中必须严格控制，确保不引入热原。例如，在医疗器械的生产过程中，要采用严格的净化工艺和质量控制体系，对原材料、生产环境和加工过程进行监控，防止热原污染，保证产品在植入人体后不会引发热原反应，避免患者出现发热、寒战等不良反应。

2. 无过敏反应 部分金属元素，如镍、钴等，可能会引发人体的过敏反应。医用金属材料应尽量避免使用易致敏元素，或者通过表面处理等技术手段，降低材料中致敏元素的释放和暴露。例如，对于含有镍元素的医用不锈钢，可采用特殊的钝化处理工艺，在材料表面形成一层致密的保护膜，减少镍离子的溶出，降低过敏风险。同时，在产品上市前，需进行严格的过敏试验，评估材料引发过敏反应的可能性。

3. 免疫反应控制　材料在体内不应引发过度的免疫反应。免疫系统对异物的过度反应可能导致炎症、组织损伤等不良后果。医用金属材料的设计应尽量使其与人体组织具有良好的生物相容性，减少免疫系统的识别和攻击。例如，通过表面改性技术，在金属材料表面构建具有生物活性的涂层，模拟人体组织的微环境，降低免疫细胞对材料的识别，从而减少免疫反应的发生。

总之，由于材料在使用时需要同时满足无毒性或低毒性、化学稳定和生物相容性 3 个方面的要求，因此要全面考虑各种因素的影响，同时要建立完善的材料性能评价体系，达到指导医用金属材料研发和应用的目的。

第三节　医用不锈钢

一、特点及分类

长久以来，金属材料和合金材料因其易于加工成型、高强度和良好的韧性等特点，一直被广泛应用于生物医用材料领域，并已有数百年的历史。相比其他材料，金属材料更适合用于硬组织的修复和替换，在医用材料领域应用广泛。在众多生物医用材料中，奥氏体不锈钢特别受欢迎。作为一种广泛应用的生物医用金属材料，它具有良好的抗腐蚀性、强度和韧性，易于加工并且价格低廉。

不锈钢是指钢中 Cr 元素含量超过 12%，在钢表面形成致密氧化膜，达到具有较强耐腐蚀性能的一类特殊钢。不锈钢依据不同的耐腐蚀性能和强度要求，按其显微组织分为奥氏体（γ 相）、铁素体（α 相）、马氏体（M 相）、双相（$\gamma+\alpha$、$\gamma+M$ 等）和沉淀硬化（M + 沉淀析出相）等多种类型，其中以 AISI 316L 和 317L 为代表的奥氏体不锈钢是最常用的外科植入金属材料，其他类型不锈钢主要用于制作医疗工具或特殊手术器械。临床使用发现，耐腐蚀性能奥氏体型最强，马氏体型最弱，具体的医学应用见表 1－1。

表 1－1　医用不锈钢的分类和医学典型应用

不锈钢类型	典型应用
奥氏体	非植入型的医疗装置、短期植入物、全髋关节置换等，如牙印模托盘、导正销、注射针头、蒸汽灭菌器、储物柜、胸部牵开器、骨钉骨板等
马氏体	口腔科和普通外科器械，如刮匙、凿子、牙钻、牙釉凿、手术钳等
铁素体	有限的外科器械，如医疗器械中一些实心手柄导销等

医用不锈钢与工业结构用不锈钢相比，由于要求其在人体内保持优良的耐腐蚀性，以减少金属离子溶出，避免晶间腐蚀、应力腐蚀等局部腐蚀现象发生防止造成植入器件失效断裂，保证植入器械的安全性，因此其化学成分要求相对更加严格。医用不锈钢特别是植入用不锈钢，其中的 Ni 和 Cr 等合金元素含量均高于普通不锈钢（通常达到普通不锈钢的上限要求），S 和 P 等杂质元素含量要低于普通不锈钢，并明确规定钢中非金属夹杂物尺寸要分别小于 1.5 级（细系）和 1 级（粗系），而普通工业用不锈钢标准中并不对夹杂物提出特别要求。表 1－2 列出了医用植入不锈钢与对应普通不锈钢的化学成分对比。为了避免医用不锈钢发生晶间腐蚀，还要求其具有更低的 C 含量，而早期则规定了 C 含量不高于 0.08% 和 003% 两个级别（质量分数）。随着冶金技术的进步和应用要求的提高，在最近几年修订的医用不锈钢国内外标准中，全部要求钢中 C 含量不高于 0.03%（如 ASTM F138—03、ASTM F139—03、ISO 5832—1—2007、GB 4234—2003）。

表1-2 医用植入不锈钢与对应普通不锈钢的化学成分对比（w/%）

标准	不锈钢	C	Si	Mn	P	S	Cr	Ni	Mo	Cu	N
GB 4234.1—2017（医用）	00Cr18Ni14Mo3（317L）	≤0.03	≤1.0	≤2.0	≤0.025	≤0.01	17～19	13～15	2.25～3.0	≤0.5	<0.1
	00Cr18Ni15Mo3N（317LN）	≤0.03	≤1.0	≤2.0	≤0.025	≤0.01	17～19	14～16	2.35～4.2	≤0.5	0.1～0.2
GB/T 1220—2007（工业用）	00Cr17Ni12Mo2（316）	≤0.08	≤1.0	≤2.0	≤0.045	≤0.03	16～18	10～14	2～3	—	—
	00Cr17Ni14Mo2（316L）	≤0.03	≤1.0	≤2.0	≤0.045	≤0.03	16～18	10～14	2～3	—	—

医用不锈钢中常用的316L或317L奥氏体不锈钢在固溶状态下的强度和硬度均偏低，但可以通过冷加工变形来提高其强度和硬度。因此临床使用的外科植入用不锈钢通常处于冷加工状态（冷加工变形量为20%左右），以满足植入器械要求的高强度和高硬度，但是冷加工状态增加了医用不锈钢应力腐蚀和腐蚀疲劳破坏的敏感性。

二、理化性能

医用不锈钢作为一类重要的医用金属材料，在医疗器械与植入物领域广泛应用。其理化性能直接决定了在临床应用中的安全性与有效性，深刻影响着治疗效果与患者健康，故而对其理化性能的深入理解与研究意义重大。

（一）化学成分特征

1. 主要合金元素

（1）铁（Fe） 作为医用不锈钢的基体元素，提供基本的强度与韧性支撑。铁构成了材料的主体框架，其含量通常占比最大，为其他合金元素发挥作用奠定基础。

（2）铬（Cr） 是赋予不锈钢耐腐蚀性的关键元素。当铬含量达到一定比例（一般在12%及以上），在不锈钢表面能形成一层致密且稳定的氧化铬钝化膜，有效阻挡氧气、水以及其他腐蚀性介质与金属基体接触，显著提升材料的抗腐蚀能力。

（3）镍（Ni） 能改善不锈钢的韧性和加工性能。镍元素的加入可使不锈钢的晶体结构发生变化，形成面心立方结构，增强材料的韧性，使其在加工过程中更易于成型，同时对耐腐蚀性也有一定的促进作用。

2. 微量元素

（1）钼（Mo） 可进一步增强不锈钢的耐蚀性能，尤其是在含氯离子等侵蚀性介质的环境中。钼能细化不锈钢的晶粒结构，提高钝化膜的稳定性与致密性，从而有效抵抗点蚀和缝隙腐蚀等局部腐蚀现象。

（2）氮（N） 适量的氮可提高不锈钢的强度，同时对其耐蚀性和韧性也有积极影响。氮在不锈钢中可形成间隙固溶体，增强原子间的结合力，提升材料强度，并且有助于改善钝化膜的性能，提高耐蚀性。

（二）物理性能

1. 密度 医用不锈钢的密度一般在7.7～8.0g/cm^3，与其他常见金属材料相比，处于中等水平。这种密度特性使其在满足医疗器械和植入物一定强度要求的同时，不会因过重给患者带来过大负担，例如在制作骨科植入物时，可在保证支撑功能的前提下，尽量减少对人体运动的额外阻碍。

2. 热性能　热导率：其热导率相对较低，为 15～25W/(m·K)。这一特性在一些应用场景中具有重要意义，如在手术器械中，较低的热导率可减少手术过程中热量向周围组织的传递，降低对正常组织的热损伤风险。

3. 线膨胀系数　医用不锈钢的线膨胀系数与人体骨骼较为接近，为（16～18）$\times 10^{-6}$/℃。在骨科植入领域，这种相近的线膨胀系数可使植入物与人体骨骼在温度变化时，两者的变形程度较为一致，减少因热胀冷缩差异产生的应力集中，有利于提高植入物与骨骼的结合稳定性和长期使用效果。

4. 磁性　常见的医用不锈钢多为奥氏体不锈钢，在正常状态下呈现无磁性或弱磁性。这种无磁性特性在医疗应用中至关重要，例如在核磁共振成像（MRI）等检查环境中，无磁性的植入物不会干扰成像结果，也不会因强磁场作用产生位移或发热等危险情况，保障了患者在接受相关检查时的安全与检查结果的准确性。

（三）化学性能

1. 耐腐蚀性　均匀腐蚀抗性：凭借表面形成的氧化铬钝化膜，医用不锈钢对均匀腐蚀具有良好的抵抗能力。在一般的生理环境（如模拟人体体液环境）中，腐蚀速率极低，能够长时间保持材料的完整性与性能稳定性。例如，在人工关节等长期植入物中，均匀腐蚀的缓慢进行可确保植入物在数年甚至数十年的使用过程中，不会因整体腐蚀而导致尺寸变化或力学性能下降。

2. 局部腐蚀抗性

（1）点蚀抗性　点蚀是一种局部腐蚀现象，在含氯离子等侵蚀性介质的环境中容易发生。通过合理调整合金成分（如增加钼含量）和优化表面质量，医用不锈钢可有效提高对点蚀的抗性。钼元素能增强钝化膜的稳定性，使材料表面更难形成点蚀核，延缓点蚀的发生与发展。

（2）缝隙腐蚀抗性　在医疗器械和植入物的结构中，常存在缝隙，如部件连接部位、垫片与金属表面之间等。医用不锈钢通过改进表面处理工艺和优化结构设计，减少缝隙的存在，并提高材料在缝隙环境中的耐蚀性。例如，采用机械抛光或电化学抛光等方法使表面光滑，降低腐蚀介质在缝隙处的积聚和侵蚀作用。

（3）应力腐蚀开裂抗性　在承受拉应力的同时，处于腐蚀环境中的医用不锈钢可能发生应力腐蚀开裂。通过控制合金成分、加工工艺和热处理过程，调整材料的组织结构和残余应力状态，可显著提高其对应力腐蚀开裂的抗性。例如，采用合适的冷加工工艺和退火处理，消除材料内部的残余应力集中点，避免在腐蚀环境中因应力与腐蚀协同作用而导致材料开裂。

3. 化学稳定性　在体液环境中的稳定性：医用不锈钢在人体组织和血液等体液环境中具有良好的化学稳定性。其表面的钝化膜在体液中的离子和分子作用下，能够持续保持稳定，不会发生明显的化学反应或溶解现象，确保材料在体内不会释放出有害的金属离子，避免对人体组织和生理功能产生不良影响。

对消毒处理的稳定性：在医疗器械的使用过程中，需要频繁进行消毒处理。医用不锈钢能够耐受常见的消毒方式，如高温高压蒸汽消毒（通常在 121～134℃，一定压力下进行）、环氧乙烷消毒等。在这些消毒过程中，材料的化学成分和组织结构不会发生明显变化，表面钝化膜也不会受到破坏，从而保证了消毒后医疗器械的性能和安全性不受影响。

（四）力学性能

1. 强度

（1）屈服强度　医用不锈钢具有较高的屈服强度，一般在 200～1000MPa，具体数值取决于钢的成分、加工工艺和热处理状态。较高的屈服强度使其能够承受较大的外力而不发生塑性变形，满足医疗器械和植入物在使用过程中的力学承载要求。例如，在骨科固定用的接骨板和螺钉中，需要材料具备足够的屈服强度来支撑骨骼的重量和承受人体运动产生的应力。

（2）抗拉强度　抗拉强度通常在500～1200MPa，反映了材料在拉伸载荷下抵抗断裂的能力。医用不锈钢的高抗拉强度保证了植入物在承受拉伸力时，如人工关节在运动过程中受到的拉伸应力，不会轻易发生断裂，确保了植入物的使用寿命和安全性。

2. 塑性与韧性

（1）塑性　以伸长率和断面收缩率来衡量，医用不锈钢具有一定的塑性，伸长率一般在20%～60%。良好的塑性使材料在加工过程中能够通过锻造、轧制、冲压等工艺成型为各种复杂形状，满足医疗器械多样化的设计需求。例如，在制造心脏支架时，不锈钢材料需要具备足够的塑性，以便通过冷加工工艺将其加工成具有特定形状和尺寸的支架结构。

（2）韧性　医用不锈钢的韧性通过冲击韧性和断裂韧性等指标来表征。较高的韧性确保材料在受到冲击载荷或存在裂纹缺陷时，不会发生脆性断裂。在骨科植入物中，如人工髋关节，在人体日常活动中可能会受到瞬间的冲击，良好的韧性可使植入物能够吸收冲击能量，避免因冲击而导致的断裂失效，保障患者的安全和正常活动。

3. 疲劳性能　医疗器械和植入物在长期使用过程中，往往承受反复循环的载荷，因此疲劳性能是医用不锈钢的重要力学性能指标之一。通过优化合金成分、加工工艺和表面质量，医用不锈钢可获得较好的疲劳强度，一般疲劳极限在100～400MPa。例如，在心脏起搏器的电极导线中，不锈钢材料需要具备良好的疲劳性能，以承受心脏跳动产生的数百万次甚至数亿次的周期性应力，确保电极导线在长期使用过程中不会因疲劳断裂而影响起搏器的正常工作。

三、临床使用性能

不锈钢在医疗器械制造中，由于其通常被制作成两类：一类是接触性非植入型，如手术刀、镊子、类医用托盘等；还有一类是植入型，包括各种人工关节和骨折内固定器械，如各种人工髋关节、膝关节、肩关节、肘关节、腕关节、踝关节和指关节，各种规格的截骨连接器、加压钢板、鹅头骨螺钉、脊椎钉、骨牵引钢丝、人工椎体等。在齿科方面，医用不锈钢被广泛应用于镶牙、齿科矫形、牙根种植及辅助器件，如各种齿冠、齿桥、固定支架、卡环、基托等，各种规格的嵌件、牙齿矫形弓丝、义齿和颌骨缺损修复等，如图1－5所示。

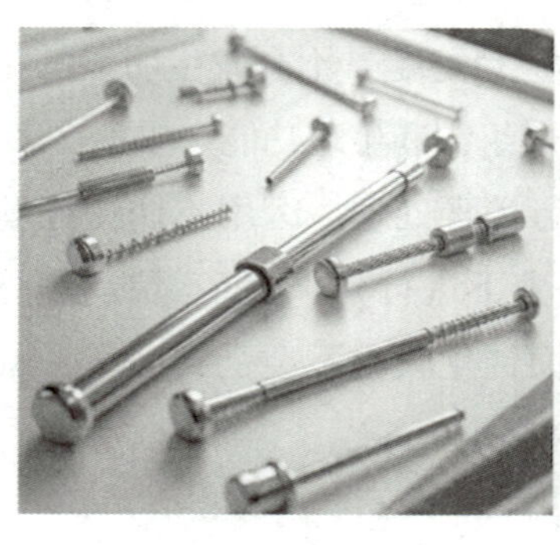 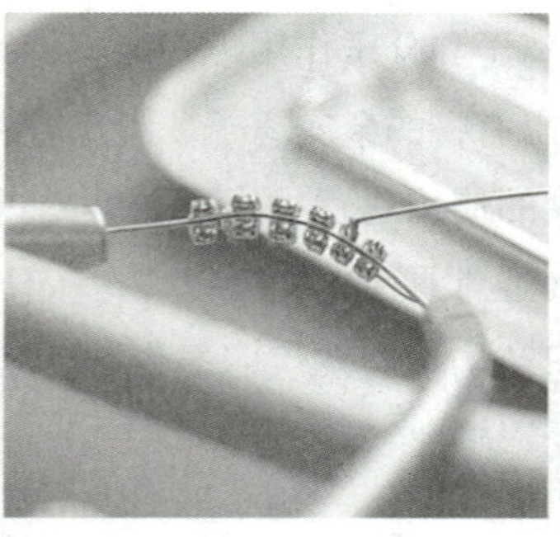 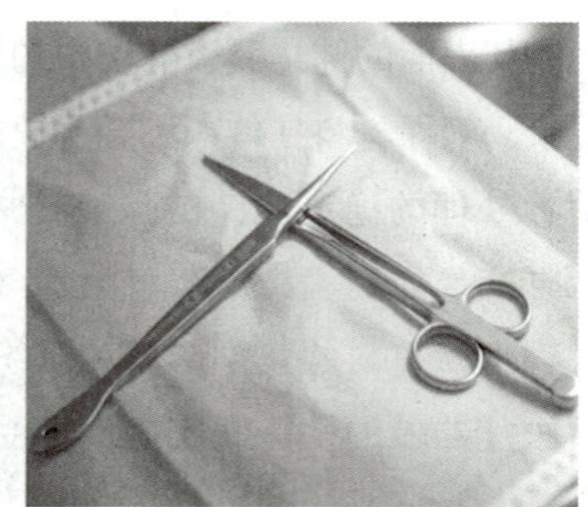

图1－5　医用不锈钢骨科器械

1. 骨折固定器械 医用不锈钢是制造接骨板、螺钉、髓内钉等骨折固定器械的常用材料。接骨板通过螺钉与骨折两端的骨骼固定，为骨折部位提供稳定的力学支撑，促进骨折愈合。例如，在四肢骨折治疗中，不锈钢接骨板可根据骨折部位的解剖形态进行塑形，贴合骨骼表面，有效传递和分散应力，防止骨折断端移位。螺钉则凭借其良好的螺纹设计和机械性能，牢固地将接骨板与骨骼连接在一起。髓内钉适用于长骨骨折，通过插入骨髓腔，利用其自身的强度和弹性，维持骨折部位的轴向稳定性，同时允许骨折部位承受一定的生理应力刺激，有利于骨痂生长和骨折愈合。

2. 口腔领域 口腔正畸器械：在口腔正畸治疗中，不锈钢丝被广泛用于制作正畸弓丝和托槽等器械。正畸弓丝需要具备良好的弹性和强度，能够在施加矫治力的过程中保持形状稳定，并逐渐引导牙齿移动到正确位置。不锈钢托槽则用于固定弓丝，传递矫治力。医用不锈钢的可加工性使其能够被精确加工成各种形状和尺寸，满足不同患者的口腔正畸治疗需求。

3. 手术器械 医用不锈钢因其良好的强度、硬度和耐腐蚀性，成为制造各种手术器械的首选材料。如手术刀、镊子、剪刀、止血钳等。手术刀要求刀刃锋利且保持持久，不锈钢的高硬度和耐磨性能够满足这一要求。镊子和剪刀需要具备良好的夹持和剪切性能，同时在反复使用和消毒过程中保持性能稳定。止血钳则需要足够的强度来夹持血管，防止出血。这些手术器械的表面通常经过抛光处理，以减少组织损伤，并便于清洗和消毒。

缝合针：医用不锈钢制成的缝合针具有良好的韧性和锋利度，能够轻松穿透组织，同时在缝合过程中不易折断。缝合针的形状和尺寸多种多样，可根据不同的手术部位和组织类型进行选择。例如，在眼科手术中，需要使用极细的不锈钢缝合针进行精细的组织缝合，以减少对眼部组织的损伤。

四、相关国家、行业标准

据统计，目前与医用不锈钢相关的国家标准和行业标准共计6项，具体内容如下。

（一）标准号：GB 4234.1—2017

项目名称：外科植入物 金属材料 第1部分：锻造不锈钢

行业领域：医药

发布日期：2017-12-29

实施日期：2019-07-01

起草单位：国家食品药品监督管理局天津医疗器械质量监督检验中心。

适用范围：适用于外科植入物用锻造不锈钢。

（二）标准号：YY/T 1074—2002

项目名称：外科植入物 不锈钢产品点蚀电位

行业领域：医药

发布日期：2002-09-24

实施日期：2003-04-01

起草单位：北京科技大学；国家药品监督管理局天津医疗器械质量监督检验中心。

适用范围：适用于采用动电位法测量外科植入物不锈钢产品在模拟人体生理环境中的点腐蚀电位的测量。

（三）标准号：YY/T 1952.1—2024

项目名称：牙科学 牙科器械用材料 第1部分：不锈钢

行业领域：医药

发布日期：2024-09-29

实施日期：2025-10-15

起草单位：广东省医疗器械质量监督检验所；深圳市速航科技发展有限公司；浙江新亚医疗科技股份有限公司；北京大学口腔医学院口腔医疗器械检验中心。

适用范围：适用于制造器械整体或部分用的不锈钢材料。适用于一次性和可重复使用的牙科器械，无论其是否连接到动力驱动系统。不适用于长期在患者口中使用的器具和器械（如牙冠、牙桥、种植体）或非不锈钢制成的器具和器械。

（四）标准号：YY/T 0294.1—2016

项目名称：外科器械 金属材料 第1部分：不锈钢

行业领域：医药

发布日期：2016-03-23

实施日期：2017-01-01

起草单位：上海市医疗器械检测所；上海医疗器械（集团）有限公司手术器械厂。

适用范围：适用于外科器械。本标准规定了外科器械设计、制造时可供选择的不锈钢材料。

（五）标准号：GB 4234.9-2023

项目名称：外科植入物 金属材料 第9部分：锻造高氮不锈钢

行业领域：医药

发布日期：2023-11-27

实施日期：2025-12-01

起草单位：天津市医疗器械质量监督检验中心。

适用范围：适用于制造外科植入物的锻造高氮不锈钢材料的测试评价，规定了外科植入物中使用的锻造高氮不锈钢的详细要求，主要包括材料的选择、化学成分、力学性能以及生物学评价等方面。

（六）标准号：YY/T 0149—2006

项目名称：不锈钢医疗器械 耐腐蚀性能试验方法

行业领域：医药

发布日期：2006-06-19

实施日期：2007-05-01

起草单位：上海市医疗器械检测所。

适用范围：适用于马氏体类不锈钢医用器械（如剪、钳、镊等器械）、奥氏体类不锈钢医用器械（如注射针、针灸针、不锈钢宫内节育器、牙用不锈钢丝等），也适用于制造奥氏体类不锈钢医用器械的材料。

第四节　医用纯钛及钛合金

医用纯钛及钛合金由于高比强度、良好的生物相容性以及优异的耐腐蚀性能，是目前临床应用中最广泛的医用金属材料。相比于医用不锈钢及钴铬合金，在钛合金表面形成的致密稳定的二氧化钛（TiO_2）薄膜能够赋予钛合金优异的耐腐蚀性能。在众多的医用金属材料中，医用纯钛及钛合金的综合性能最为优良，被广泛应用于外料植入产品，如骨折固定、人工关节、牙种植体等植入器械。

一、特点及分类

钛是一种过渡族金属元素，原子序数为22，原子量为47.90，有两种同素异构体。在882.5℃以下具有密排六方结构，称为α-Ti相，在882℃发生α-Ti至β-Ti的转变。β-Ti相在882.5℃与熔点之间稳定存在，具有体心立方结构。

根据室温下显微组织结构的不同，钛合金可以分为α型、α+β型和β型钛合金，进一步细分可分为近α型、热稳定全β型、亚稳定β型和近亚稳定β型。其中亚稳定β型和近亚稳定β型属于介稳定β型钛合金。α型和近α型钛合金具有良好的耐腐蚀性能，但强度较低。β型钛合金具有低的弹性模量和较高的耐腐蚀性能。兼具α相和β相的合金，由于两相的存在而表现出较高的强度和综合性能。因此，钛合金的性能取决于其化学成分、α相和β相的相对含量以及热处理和热加工条件。

合金元素的添加对钛合金中的相组成有重要影响。根据合金元素在α相和β相中的溶解度或合金元素对相变温度的影响，加入钛中的合金元素可分成：提高α相至β相转变温度的α相稳定元素，主要包含Al、O、N、C等元素；降低相转变温度的β相稳定元素，主要包含Mo、V、Nb、Ta、Fe、W、Cr、Si、Co、Mn等元素；对同素异形转变温度影响很小的中性元素，主要是Zr和Sn。

不同种类钛合金的特点及理化性能如下。

1. α型钛合金　主要为商业纯钛和只含少量α相稳定元素性元素的钛合金，这类合金在退火后，除杂质元素造成的少量的相外，全部为α相。对于商业纯钛，含氧（O）量的不同是各种级别商业纯钛的主要作为间隙型元素，氧可以显著提高钛的强度，同时降低其塑性。商业纯钛为到相应的强度水平，只有氧是有意加入的合金化元素，C和Fe元素则被看成纯钛中的杂质元素。

2. 近α型钛合金　除Al和中性元素外，还有少量β相稳定元素的合金称为近α型钛合金，这合金中的β相稳定元素的加入量一般小于2%。在退火后，除大量α相外，还有少量的β相，β相的体积分数一般小于10%。由于α相的存在，近α型钛合金可通过热处理强化，并具有很好的热强性和热稳定性。

3. α+β型钛合金　主要含有Al及不同含量的β相稳定元素和中性元素，β相稳定元素的加入量为4%~6%。合金在退火后，显微组织由不同含量的α相和β相构成。α+β型钛合金可通过热处理强化，其强度和淬透性随着β相稳定元素的增加而提高。α+β型钛合金中的α相稳定元素主要是Al，Al几乎是这类合金中不可缺少的元素，但其加入量应控制在7%以下，以免出现有序相，损害合金的韧性。为了进一步强化α相，可以加入少量的中性元素Sn和Zr。在众多医用α+β型钛合金中，Ti-6Al-4V由于优异的综合性能，是目前临床应用中最广泛的医用钛合金。

4. β型钛合金　含β相元素较多的合金称为β型钛合金，依据β相稳定元素的添加量，可以细分为近亚稳定β型钛合金、亚稳β型钛合金和热稳定全β型钛合金。β型钛合金一般具有较好的冷成形和冷加工能力，在还原性介质中耐蚀性较好，并且热稳定性和焊接性能较好。根据合金系的不同，β 型钛合金可以分为五大类：Ti－M 系、Ti－Nb 系、Ti－Ta 系、Ti－Hf 系和 Ti－Nb－Ta－Zr 系。

二、理化性能

医用纯钛及钛合金的材料性能主要取决于α相和β相的排列方式、体积分数以及各自的性能，因而不同种类的钛合金具有不同的材料性能。下面按钛合金的分类分别介绍医用纯钛及钛合金的材料性能。

（一）医用α型钛合金

1. 力学性能 医用纯钛最为常用。室温下纯钛的结构为密排六方结构。商业纯钛的纯度约为 99.5%，其在冷变形过程中没有明显的屈服点，屈服强度与抗拉强度接近，具有较高的屈强比，在冷变形加工过程中有产生裂纹的倾向。此外，钛的弹性模量较低，约为铁的 54%，在成形加工过程中，回弹量大，冷成形困难。

2. 耐腐蚀性能 钛是热力学上的不稳定金属，致钝电位较负，标准电极电位为－1.63V，在大气和水溶液中易形成具有钝化性质的氧化膜，表现出良好的耐腐蚀性能。钛合金钝化膜的存在使金属电极表面进行活性溶解的面积减小，或阻碍了反应粒子的传输而减少或者抑制了钛合金在腐蚀介质中的溶解，使其出现钝化现象。钝化后的钛及钛合金的自腐蚀电位大幅升高。钛的钝化膜又具有非常好的自愈性，当其钝化膜遭到破坏时，能够迅速修复，弥合形成新的保护膜。因此，钛合金具有良好的耐腐蚀性能。

通常来讲，α相钛合金的耐腐蚀性能要优于β相钛合金。对于纯钛，其含有的杂质元素种类和含量都会直接影响其耐腐蚀性能。

（二）医用α+β型钛合金

1. 力学性能 Ti－6Al－4V 合金是最常用的医用α+β型钛合金，其具有α+β两相混合组织，通过固溶和时效处理，能够使其强度等力学性能显著提高。医用α+β型钛合金具有优异的力学性能，常见 TC4 合金的力学性能见表 1－3。

表 1－3 TC4 合金的力学性能表

抗拉强度	屈服强度	延伸率	弹性模量	硬度
895～965MPa	800～880MPa	10%～15%	110GPa	30～35HRC

以下是其主要特点。

（1）高强度 通过添加如铁（Fe）、铌（Nb）等合金元素进行强化，使其强度得到显著提高，能够承受较大的应力和负荷，满足人体植入物在复杂生理环境下的使用要求。例如，Ti－6Al－7Nb 合金经过适当的热处理后，屈服强度可达到较高水平，可有效替代一些传统金属材料在医疗器械中的应用。

（2）良好的塑性 具有一定的延展性和韧性，在加工过程中不易断裂，能够进行冷加工、热加工等多种加工工艺，制成各种形状的医疗器械和植入物，如板材、棒材、丝材等，方便医生根据临床需要进行选择和使用。

（3）高弹性模量 弹性模量相对较低，更接近人体骨骼的弹性模量，从而减少了“应力屏蔽”效应，避免了植入物与周围骨骼之间的应力分布不均匀导致的植入物松动、下沉等问题，提高了植入物的长期稳定性和使用寿命。比如 Ti－5Al－2.5Fe 合金的弹性模量约为 110GPa，虽然高于人骨，但相比其他一些金属材料仍具有较好的匹配性。

（4）疲劳强度高　在循环加载的情况下，具有良好的抗疲劳性能，能够承受多次的应力循环而不发生疲劳失效，这对于长期植入人体内的医疗器械尤为重要，如人工关节、心血管支架等，可以在长期的生理运动和血液流动的冲击下保持稳定的性能。

2. 耐腐蚀性能　在模拟体液、唾液和血液中同时对 TC4 钛合金进行浸泡腐蚀实验，得到 TC4 钛合金表面略显孔蚀，腐蚀程度不明显，耐腐蚀性能较好。这主要与以下两个原因有关。

（1）表面氧化膜

1）自然形成：在自然环境下，医用 α + β 型钛合金表面会迅速与空气中的氧气反应，形成一层极薄且致密的二氧化钛（TiO_2）氧化膜。这层氧化膜具有良好的化学稳定性和生物相容性，能够有效阻止金属基体与外界环境的直接接触，从而防止腐蚀的发生。

2）自修复能力：当这层氧化膜受到轻微损伤时，钛合金表面的氧化膜能够自动修复，维持其对基体的保护作用。这种自修复能力使得医用 α + β 型钛合金在长期使用过程中，即使表面受到一定程度的磨损或划伤，仍能保持较好的耐腐蚀性。

（2）合金元素的作用

1）铝元素：部分 α + β 型钛合金中添加了适量的铝元素，铝元素的加入可以提高钛合金的强度和硬度，同时也有助于增强氧化膜的稳定性。铝与钛形成的固溶体能够提高合金的电极电位，使钛合金在腐蚀环境中更不容易发生电化学腐蚀。

2）其他元素：一些 α + β 型钛合金中还会添加铁、铌等元素，这些元素可以进一步改善钛合金的综合性能，包括耐腐蚀性。例如，铁元素的加入可以调节合金的微观结构和性能，使其在生理环境下具有更好的耐蚀性；铌元素能够提高钛合金的抗局部腐蚀能力，如点蚀、缝隙腐蚀等。

（三）医用 β 型钛合金

虽然 Ti - 6Al - 4V、Ti - 6Al - 7Nb 等医用 α + β 型钛合金具有优良的综合性能，但其含有潜在毒性元素 Al 和 V。并且其弹性模量与人体骨组织相差较大，容易产生力遮挡效应，造成界面应力传导不良，使植入物周围出现骨吸收，引起植入物动或断裂，进而导致植入失败，这增加了医用 α + β 型钛合金在临床上的应用风险因此，开发生物相容性更优、弹性模量接近骨组织的钛合金，已经成为医用钛合金的研究热点。医用 β 型钛合金正是在这样的背景下迅速发展起来的。

1. 力学性能　医用 β 型钛合金一般具有复杂的显微组织结构及高强度和高韧性，不同的热处理制度得到的显微组织不同，进而获得的力学性能也差别明显。

目前医用 β 型钛合金的研究方向主要集中在 Ti - Mo 系、Ti - Nb 系、Ti - Nb - Ta - Zr 系。Mo、Nb 和 Ta 具有 β 相稳定作用，并具有显著的固溶强化作用，能够提高钛合金的热稳定性。Si 的添加能够改善钛合金的耐热性能，这主要是由于 Si 与 Ti 的原子尺寸差别较大，在固溶体中容易在位错处偏聚，阻止位错运动，从而提高耐热性。Zr 和 Sn 时常用的中性元素，常和其他元素同时加入，起补充强化作用，同时对塑性的不利影响较小，使钛合金具有良好的冷成形和焊接性能。Zr 和 Sn 还能够促进钛合金中 ω 相的形成，并且 Sn 能够降低合金对氢脆的敏感性。

2. 耐腐蚀性能　医用 β 钛合金在生理盐水中具有与纯钛相当的耐腐蚀降解性能。而且，在含氟离子的腐蚀环境下，医用 β 钛合金的耐腐蚀降解性能明显优于纯钛。医用 β 钛合金在 3.5% NaCl 溶液和人工唾液溶液中具有良好的耐腐蚀降解性能，尤其在人工唾液中，医用 β 钛合金的腐蚀降解速率更低，其耐腐蚀降解性能更为优异。

三、临床使用性能

医用纯钛及钛合金材料一定程度上能弥补医用金属材料的缺点，因此被广泛地应用。纯钛前期主要用于制造航天航空器械，直至今日，航天航空产业对纯钛的需求量仍较大。后来科研人员发现，纯钛在生理环境下仍可以保持优异的耐腐蚀性及生物相容性，且不会对组织产生不良反应，因此正式把纯钛当作医用外科假体用于临床中进行实验。

钛和钛合金的密度较轻，20℃时只有 $4.5g/cm^3$，仅为不锈钢的56%，钛合金的弹性模量也比较低，为不锈钢的53%。此外，医用钛合金无磁性、无毒性、生物相容性好、强度较高、耐磨腐蚀性强都有利于其广泛的应用。

医用钛合金在临床中应用的性能要求包括：一定的弹性模量、良好的生物相容性、在生理环境中的耐腐蚀性强、耐磨性好以及强度较高等。

（一）临床应用

医用钛合金目前主要用于生产和制造外科植入物和矫形器械产品，如牙种植体、人工关节和血管支架等。按照矫形器械与外科植入产品专业标准，医用钛材被归入“外科植入物用材料”中的“金属材料”一类。按我国外科植入物和矫形器械分类目录中所涉及的钛及钛合金产品类型见表1－4。

表1－4　我国外科植入物和矫形器械分类目录中设计的钛合金典型产品

产品类型	典型产品
骨与关节替代物	人工股骨头、髋关节、膝关节、踝关节、肩关节
牙科植入物	牙种植体、义齿、义齿基托和支架
颅骨修复植入物	网板、骨螺钉、接骨板
脊柱植入物	脊柱内固定系统、胸腰椎内固定系统、椎间融合器
心脏、血管植入物	血管内支架、心脏瓣膜、心脏起搏器

1. 骨与关节替代物　钛及钛合金密度较小，弹性模量低，可以避免局部骨吸收现象的产生，因而是十分优良的人工骨、关节等硬组织替换材料。人工关节假体的臼杯和骰骨柄通常用钛及钛合金来制造，如图1－6所示。髋臼固定后，关节头可以在髋臼杯里自由活动。人工膝关节也常采用钛及钛合金制备，由胫骨部件、股骨部件和髌骨部件三部分组成。

骨与关节替代物在人体内会受到人体的扭转、弯曲、挤压、肌肉收缩力等作用，因此对植入物的强度和韧性要求很高。在人体受力小的部位可以用纯钛，在人体受力大的部位可以用TC4钛合金。

2. 牙科植入物　钛及钛合金被广泛用作牙齿修复材料，其优点主要如下。

（1）钛在酸性和碱性环境下溶化量少，没有银合金存在的腐蚀、变色问题。

（2）对人体有很好的安全性，不会出现镍合金引起的超敏反应。

（3）纯钛的密度仅为 $4.50g/cm^3$，与自然牙齿的密度接近，制作的牙床重量轻，镶牙装着感好。

（4）纯钛的热传导率低，对牙髓无刺激性。

（5）与传统的牙床材料相比，具有咀嚼时不改变食物味道的特性。因此，钛及钛合金是迄今为止临床应用效果最佳的牙科材料。

表1－5列出了钛及钛合金在牙科中的主要用途。可以看出，纯钛和TC4钛合金是牙科领域使用的

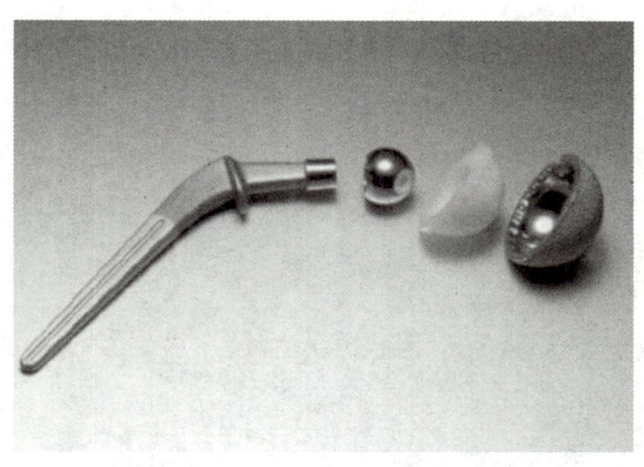

图 1－6　钛合金人工髋关节假体

主要材料。牙科领域所用钛材通常采用精密铸造成形，因此具有较高的强度，但延伸率较低。为此，研究者们进行了大量提高其延伸率的研究，主要方法有热处理（如 α－β 固溶处理、β 固溶处理等）、破碎 α 相结构以及热塑性变形及后热处理等。

表 1－5　钛及钛合金在牙科中的用途

种类	形态	用途
纯钛	冷压件	假牙床
纯钛	粉末冶金件	人工齿根、植入用埋片
纯钛	异形体	手术用具
Ti－6Al－4V	铸造件	假牙、假牙床、人工齿根、植入用埋片
Ti－6Al－4V	超塑性加工件	假牙、假牙床
Ti－6Al－4V	粉末冶金件	人工齿根、植入用埋片
Ti－Ni 合金	丝	牙齿矫形丝
Ti29Nb－3Ta－4.6Zr	铸造件	假牙、假牙床

3. 颅骨修复植入物　开颅手术通常会造成颅骨缺损，目前临床上通常用钛网修复缺损的颅骨。进行修复时，为了使修补体与患者原颅骨较好地嵌合，在术前或术中医生需根据患者缺损部位的大小和形状，在钛网上剪很多豁口，并在患者头上比较后反复修型、剪缝，直到符合患者缺损部位的要求。这样不仅会增加钛钉的使用量，降低钛网的强度，而且增加了手术时间。近年来，人们开发出一种 CT 三维重建软件系统，利用该系统可得到患者颅骨缺损部位的 CT 三维数据，并通过数字化钛网成形机制备出与患者颅骨缺损部位完全一致的钛网修复体，如图 1－7 所示。临床应用表明，采用这种技术不仅大大提高了手术精度，缩短了手术时间，减少了钛钉使用量，降低了手术复杂度，而且减少了术后并发症，提高了患者的生活质量。

4. 其他应用　除以上应用外，钛及钛合金还是优良的人体骨接合材料和脊柱植入物材料。典型的骨接合材料包括骨螺钉、接骨板、上颌面植入体等。骨螺钉可以单独用来固定断骨，也可以与接骨板或其他器件一起来固定断骨。经过喷砂、等离子喷涂、蚀刻等处理的钛及钛合金能够促进表面类骨磷灰石的形成，可以提高骨结合强度，缩短骨愈合过程。

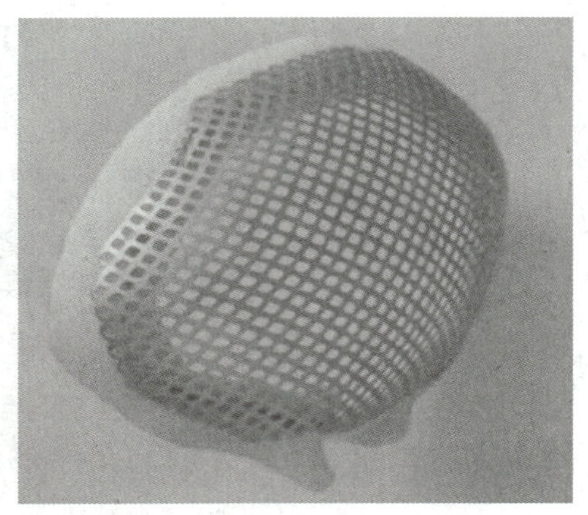

图1-7 三维数字化成形钛网修复体

同其他金属材料（不锈钢、钴铬钼合金等）相比较，使用钛及钛合金的优势主要有四点。

（1）密度小，比强度高，可大幅度减轻患者的负荷。

（2）弹性模量低，与人体骨骼更匹配。

（3）无毒性，作为植入物对人体无毒副作用。

（4）生物相容性好，只进行一次手术即可，骨折愈合后不用二次手术去除。

（二）局限性

随着科学技术的发展以及世界植入体的市场需求越来越大，生物医用钛合金正在蓬勃发展，并且已在临床上批准应用并取得良好的效果。但是目前医用钛合金的发展及使用依然存在以下问题。

1. 钛合金中毒性元素问题 目前医用钛合金的发展历经了 α 钛合金、近 α 钛合金、α + β 钛合金以及 β 钛合金。其中，钛合金中的纯钛在 20 世纪 60 年代就已经作为口腔植入体应用于临床，但是纯钛的力学性能较差，强度较低，并且在经过长期使用后易磨损，因此在临床上使用有限。目前钛合金中使用最为广泛的属于 α + β 钛合金中的 TC4。与纯钛相比，TC4 的机械强度以及加工性能等方面有了显著的提升，但是 TC4 在熔炼过程中添加了 6% 的 Al 和 4% 的 V 来改善相变结构从而提升力学性能，长期植入人体会导致 Al 和 V 从植入体中释放并在其周围组织富集，而 Al 和 V 被公认为有损于细胞生长代谢并且会引发阿尔兹海默病、神经疾病、骨软化症以及肾脏功能障碍等疾病。虽然目前针对 TC4 所带来的问题，已经开发出掺杂安全性的元素如铌、钽和锆等的新型 β 钛合金，但是掺杂安全性元素的 β 钛合金的生产成本比较高，增加了患者的治疗负担，因此在未来一段时间内 TC4 在植入体领域仍然占据着主要地位。

2. 钛合金的生物惰性 医用钛合金虽然具有生物相容性，但是由于其材料表面不具有生物活性，使得植入人体后组织细胞不能够在其表面黏附增殖，导致与周围组织结合不佳，并且会引起排异反应。

3. 医用钛合金本身缺乏抗菌性 在手术过程中，植入体容易受到来自皮肤和黏膜的细菌污染。浮游细菌很容易附着在植入物表面，能够在植入物表面黏附生长，并进一步形成稳定的生物膜，导致各种感染的发生。因此，植入材料必须具有抗菌表面，以防止浮游微生物细胞从其环境中初次黏附，这是防止细菌生物膜的形成并且避免病原体传播和材料变性的最佳方法。

4. 应力屏蔽现象 钛合金的弹性模量一般在 110 ~ 50GPa，远高于人体骨为 20 ~ 30GPa。而植体与骨之间弹性模量的不匹配，将使载荷不能由种植体很好地传递到相邻骨组织，出现“应力屏蔽”现象，导致骨吸收，最终引起种植体松动或断裂，造成植入物的失效。因此如何依靠合金化等手段来降低材料的弹性模量是未来急需解决的问题。

5. 耐蚀性问题 人体环境中存在氯离子和蛋白质，金属及合金易被腐蚀，在植入物表面发生化学反应，因此需要通过表面改性等手段提高材料的耐腐蚀性能，延长寿命。现阶段已有研究表明，Ta、Nb、Mo 等元素的添加能一定程度增强材料的耐腐蚀性能。此外，通过表面涂层的改性方法也能一定程度增强医用钛合金的耐腐蚀性能。

6. 耐磨性问题 作为一种生物医用植入材料，生物医用钛合金的耐磨性能也是值得关注的，由于医用钛合金的摩擦学性能较差，耐磨性较低，而人体的日常运动使得钛合金植入体在运动中由于摩擦而产生磨损碎片。临床研究表明，磨损碎片粒径达到 0.1 ~ 10μm 时，人体中的巨细胞会被激活，由巨细胞产生的促炎质会造成植入体与周围的结缔组织和骨骼的结合能力减弱，引起骨溶解以及植入体与组织的松动。此外，磨损碎片会沉积在组织周围，还会引起不良的细胞反应。导致有害酶的释放、感染、疼痛和骨吸收，从而造成植入失败。因此，需要通过相应的技术，对生物医用钛合金表面进行生物改性获得功能性涂层，以期望医用钛合金能够满足对植入体的使用需求。

四、相关国家、行业标准

（一）标准号：YY/T 1940—2024

项目名称：用于增材制造的医用镍钛合金粉末

行业领域：医药

发布日期：2024 - 09 - 29

实施日期：2025 - 10 - 15

起草单位：西安欧中材料科技有限公司；中国食品药品检定研究院；北京科仪邦恩医疗器械科技有限公司；西安理工大学；西北工业大学；西安聚能医工科技有限公司；西北有色金属研究院；陕西省医疗器械质量检验院；上海交通大学医学院附属第九人民医院。

适用范围：用于增材制造的医用镍钛合金粉末的性能要求、标识、包装、运输及贮存，描述了相应的试验方法。适用于以激光或电子束作为能量源的粉末床熔融增材制造工艺的医用镍钛合金粉末。

（二）标准号：YY 0117.2—2024

项目名称：外科植入物 骨关节假体锻、铸件 第 2 部分：ZTi6Al4V 钛合金铸件

行业领域：医药

发布日期：2024 - 07 - 08

实施日期：2027 - 07 - 20

起草单位：北京优材京航生物科技有限公司；天津市医疗器械质量监督检验中心；国家药品监督管理局医疗器械技术审评中心；国家药品监督管理局医疗器械技术审评检查大湾区分中心；北京市春立正达医疗器械股份有限公司。

适用范围：规定了由 ZTi6Al4V 钛合金材料制造的外科植入物骨关节假体铸件的要求、试验方法、检验规则、质量证明、标记、包装、运输和贮存。适用于骨关节假体 ZTi6Al4V 钛合金铸件的生产和验收。

（三）标准号：YY 0117.1—2024

项目名称：外科植入物 骨关节假体锻、铸件 第1部分：Ti6Al4V 钛合金锻件

行业领域：医药

发布日期：2024－07－08

实施日期：2027－07－20

起草单位：北京优材京航生物科技有限公司；天津市医疗器械质量监督检验中心；国家药品监督管理局医疗器械技术审评中心；国家药品监督管理局医疗器械技术审评检查大湾区分中心；苏州微创关节医疗科技有限公司。

适用范围：规定了用外科植入物 Ti6Al4V 钛合金加工材制造外科植入物骨关节假体锻件的要求、试验方法、检验规则、质量证明、标记、包装、运输和贮存。适用于骨关节假体 Ti6Al4V 钛合金锻件的生产和验收。

（四）标准号：YY 0315—2023

项目名称：钛及钛合金牙种植体

行业领域：医药

发布日期：2023－11－22

实施日期：2026－12－01

归口单位：全国口腔材料和器械设备标准化技术委员会（SAC/TC 99）

适用范围：规定了以锻制钛及钛合金材料制成的不带表面涂层的牙种植体的性能要求、包装、标识和使用说明书，并描述了相应的试验方法。适用于由化学成分符合 GB/T 13810 或 ISO 5832—2、ISO 5832—3、ISO 5832—11 或 ASTM F67、ASTM F136、ASTM F1295、ASTM F1472 中外科植入物用钛及钛合金材料制成的牙种植体。不适用于牙种植体附件和增材制造钛及钛合金牙种植体。

（五）标准号：YY 0304—2023

项目名称：等离子喷涂羟基磷灰石涂层 钛基牙种植体

行业领域：医药

发布日期：2023－09－05

实施日期：2026－09－15

归口单位：全国口腔材料和器械设备标准化技术委员会（SAC/TC 99）

适用范围：规定了等离子喷涂羟基磷灰石涂层－钛基牙种植体的技术要求和试验方法。适用于锻制钛或钛合金材料作为基体材料制作的等离子喷涂羟基磷灰石涂层－钛基牙种植体。

（六）标准号：YY/T 1823—2022

项目名称：心血管植入物 镍钛合金镍离子释放试验方法

行业领域：医药

发布日期：2022－05－18

实施日期：2023－06－01

起草单位：先健科技（深圳）有限公司；深圳市领先医疗服务有限公司；深圳市医疗器械检测中心；江阴法尔胜佩尔新材料科技有限公司；国标（北京）检验认证有限公司；天津市医疗器械质量监督检验中心。

适用范围：规定了镍钛合金心血管植入物镍离子体外释放的试验方法，给出了植入物体外镍离子释放最大允许限量的推算示例。适用于镍钛合金心血管植入物，包括血管支架、心脏封堵器、腔静脉滤器、心脏瓣膜等。

（七）标准号：YY/T 1802—2021

项目名称：增材制造医疗产品 3D 打印钛合金植入物金属离子析出评价方法

行业领域：医药

发布日期：2021－09－06

实施日期：2022－09－01

起草单位：中国食品药品检定研究院；天津市医疗器械质量监督检验中心；四川大学（四川医疗器械生物材料和制品检验中心）；北京爱康宜诚医疗器材有限公司；北京大学。

适用范围：规定了 3D 打印钛合金植入物金属离子析出量的体外测试方法。适用于 3D 打印多孔结构 Ti－6Al－4V（TC4）植入物的金属离子析出的评价。

（八）标准号：YY/T 1706.1—2020

项目名称：外科植入物 金属外科植入物等离子喷涂纯钛涂层 第 1 部分：通用要求

行业领域：医药

发布日期：2020－02－21

实施日期：2021－01－01

起草单位：天津市医疗器械质量监督检验中心；苏州微创关节医疗科技有限公司；北京优材京航生物科技有限公司。

适用范围：规定了金属外科植入物等离子喷涂纯钛涂层的通用要求。适用于大气或真空等离子喷涂。不适用于除纯钛材料以外的其他材料加工的涂层，或以等离子喷涂技术以外的其他技术加工的涂层。

第五节　医用钴基合金

钴基合金是以钴元素作为主要成分，并且含有一定的铬、钼、钨以及少量的镍、钛等合金元素的固溶体合金。不同的元素在钴基合金中的作用与钢类似，会对合金的微观组织和腐蚀性能产生重要影响（表 1－6）。医用钴基合金也称为钴铬合金，钴基合金具有优良的强度和耐磨性能。如果综合考量材料的耐腐蚀性能和力学性能，钴基合金是目前临床应用中性能最佳的金属植入材料。钴基合金作为医用金属材料，最初用作口腔铸造合金及高温合金来发展，也是早期制造人工关节的首选材料。

表 1－6　合金元素的作用

元素	对微观组织的影响	对腐蚀性能的影响
Cr	形成 $Cr_{23}C_6$	提高耐蚀性
Mo	细化晶粒尺寸	提高耐蚀性
Ni	/	提高耐蚀性
C	形成 $Mn_{23}C_6$	提高强度和耐磨性
W	减少缩孔气孔和偏析	降低耐蚀性

钴基合金具有优良的力学性能、耐磨损性能、耐腐蚀性能，并且具有较高的热导率和较低的热膨胀系数，因此在航空、化工、军事、能源等领域得到了广泛应用。同时钴基合金在常溶液体中表面仍能保持稳定的状态，使其具有良好的生物相容性，因此也成为备受关注的医用合金体系之一，在临床应用上具有重大前景。

一、特点及分类

根据美国 AATM 医学标准规定，钴基合金按照合金中成分的不同可分为以下四类：可铸造的钴铬钼（CoCrMo）合金（F76）；可锻造的钴镍铬钼（CoNiCrMo）合金（F562）：可锻造的钴铬钨镍（CoCrW-Ni）合金（F590）；可锻造的钴镍铬钼钨铁（CoNiCrMoWFe）合金（F563）。

通常所说的医用钴基合金指的是钴铬合金，有两种基本系列：Co－Cr－Mo 合金和 Co－Ni－Cr－Mo 合金。Co－Cr－Mo 合金通常采用铸造方法加工，用于人工关节连接件；另一种 Co－Ni－Cr－Mo 合金通常采用热锻造加工方法，用于制造在关节替换中假体连接件的主干，如膝关节和髋关节等替换假体，其中锻造的 Co－Ni－Cr－Mo 合金性能更加优越，有较高的疲劳强度和极限抗拉强度。

二、理化性能

（一）物理性能

1. 密度与熔点 医用钴基合金的密度通常为 8.3～9.2g/cm^3，高于钛合金（4.5g/cm^3）和不锈钢（7.9g/cm^3），远高于人体骨密度（1.8～2.1g/cm^3），需通过结构设计优化载荷分布。熔点 1350～1450℃，接近于不锈钢（1370～1420℃），适合高温加工（如铸造、锻造）。

2. 热膨胀系数与热导率 热膨胀系数为 12～14 × 10^{-6}/℃，与人体硬组织（牙釉质：11.4 × 10^{-6}/℃）匹配性较好。热导率较低，为 10～17W/(m·K)，可降低植入体与周围组织的热传递，避免温度敏感区域（如牙髓）的损伤。

3. 电学性能 电阻率为 50～70μΩ·cm，低于不锈钢（约 70μΩ·cm）和钛合金（约 170μΩ·cm），减少电化学腐蚀风险。磁性方面，钴基合金通常为非磁性或弱磁性（矫顽力＜100Oe），适合 MRI 检查环境。

（二）化学性能

1. 耐腐蚀性

（1）钝化膜保护 合金中的 Cr（18～30wt%）在含氧环境中形成致密的 Cr_2O_3 钝化膜（厚度 2～5nm），可有效隔离体液（含 Cl^-、蛋白质等腐蚀性介质）。

（2）抗腐蚀机制 在模拟体液（如 Hank's 溶液）中，点蚀电位（E_{pit}）高于 1.0V（SCE），远优于 316L 不锈钢（E_{pit}≈0.2V），抗缝隙腐蚀和应力腐蚀开裂能力突出。

（3）腐蚀速率 均匀腐蚀速率＜0.1μm/年，局部腐蚀（如点蚀）发生率极低，满足长期植入需求（10～15 年）。

2. 生物相容性

（1）无毒性 钴、铬、钼的释放量极低［Co^{2+}＜1μg/(cm^2·d)］，Cr^{3+}＜0.1μg/(cm^2·d)，符合 ISO 10993 标准。Mo 的加入抑制 Co 的析出，降低过敏风险（钴过敏率＜1%）。

（2）生物惰性 钝化膜稳定，不引发炎症反应，与骨组织形成机械锁合（而非化学结合），适合非骨水泥型植入体。

3. 表面特性　可通过喷砂、电化学抛光或涂层（如羟基磷灰石）改善表面粗糙度（Ra = 0.5 ~ 2μm），促进细胞黏附和骨整合。表面能 40 ~ 60mN/m，利于蛋白质吸附和细胞铺展。

（三）机械性能

1. 强度与硬度

（1）典型值　抗拉强度 700 ~ 1200MPa（铸造态），1200 ~ 1600MPa（锻造态）；屈服强度 450 ~ 800MPa（铸造态），900 ~ 1200MPa（锻造态）；硬度 HRC 30 ~ 45（铸造态），HRC 40 ~ 50（锻造态）。

（2）强化机制　碳化物（$Cr_{23}C_6$、Mo_2C）析出强化、固溶强化（Mo、W）及加工硬化（锻造/冷加工）。例如，Co－Cr－Mo 合金中碳含量（0.2wt% ~ 0.35wt%）的增加可显著提高硬度，但过量碳会降低韧性。

2. 耐磨性

（1）磨损机制　主要为黏着磨损和磨粒磨损，磨损率 < $1mm^3$/百万次（髋关节模拟试验），优于不锈钢（5 ~ $10mm^3$/百万次）。

（2）微观结构影响　γ－Co 基体中分布的碳化物颗粒（尺寸 1 ~ 5μm）提供高硬度支撑，晶界强化减少位错滑移。例如，Co－Cr－Mo 合金的磨损率比 Ti－6Al－4V 低 5 ~ 10 倍，适合关节承重部件。

3. 疲劳性能

（1）疲劳强度　旋转弯曲疲劳强度为 300 ~ 500MPa（铸造态），500 ~ 700MPa（锻造态），高于钛合金（200 ~ 400MPa），适合长期循环载荷（如人工膝关节每年约 3×10^6 次屈伸）。

（2）影响因素　孔隙率（铸造缺陷）、表面光洁度（缺口效应）和应力集中是疲劳失效的主要诱因。锻造合金通过细化晶粒（平均晶粒尺寸 < 50μm）和减少缺陷，显著提升疲劳寿命。

4. 韧性与延展性　断裂韧性 K_{IC} = 20 ~ 30MPa · Mpa · $m^{\frac{1}{2}}$（铸造态），30 ~ 45MPa · $m^{\frac{1}{2}}$（锻造态），延伸率 3% ~ 8%（铸造态），8% ~ 20%（锻造态）。尽管延展性低于钛合金（延伸率 10% ~ 20%），但通过控制碳化物分布和热处理（如固溶 + 时效），可平衡强度与韧性。

表 1－7 列出三种常见医用金属材料理化性能。

表 1－7　三种常见医用金属材料理化性能对比

性能指标	钴基合金（锻造）	316L 不锈钢	Ti－6Al－4V
密度（g/cm^3）	8.9	7.9	4.5
抗拉强度（MPa）	1200 ~ 1600	500 ~ 700	900 ~ 1100
硬度（HRC）	40 ~ 50	15 ~ 20	30 ~ 35
磨损率（$mm^3/10^6$ 次）	< 1	5 ~ 10	5 ~ 8
疲劳强度（MPa）	500 ~ 700	200 ~ 300	200 ~ 400
生物相容性	优	良	优

三、临床使用性能

医用钴基合金为生物惰性材料，在生物体内的物理和化学性质十分稳定，对植入体周围的组织不会产生不良刺激。钴基合金优异的耐腐蚀和耐磨性能使钴基合金具有良好的生物学性能。钴基合金的耐磨损性能是医用金属材料中最好的，但它制作的人工关节在体内松动率较高，其原因可能是由于金属磨损微粒在体内引起组织炎症反应及其杨氏模量与骨的相差较大所致。

（一）临床应用

作为医用金属材料，钴基合金适合于制造体内承受苛刻载荷以及耐磨性要求高的长期植入件，主要有各种人工关节、人工骨及骨科内外固定件、齿科修复中的义齿、各种铸造冠、嵌体及固定桥的制造，还可用于心血管外科和整形外科等。

相比于不锈钢，医用钴基合金更适合制造体内承载条件苛刻的长期植入体。钴基合金优良的耐蚀性源于其自发形成的钝化膜，可有效降低金属离子的释放。过去几十年的临床使用表明：使用全髋关节植入体能够有效地减少磨屑的产生，从而延长植入体的使用寿命，因此近 10 年来具有耐磨损表面的钴基合金全髋关节的研究重新得到了广泛重视。图 1－8 展示了钴基合金在人工关节置换方面的应用。

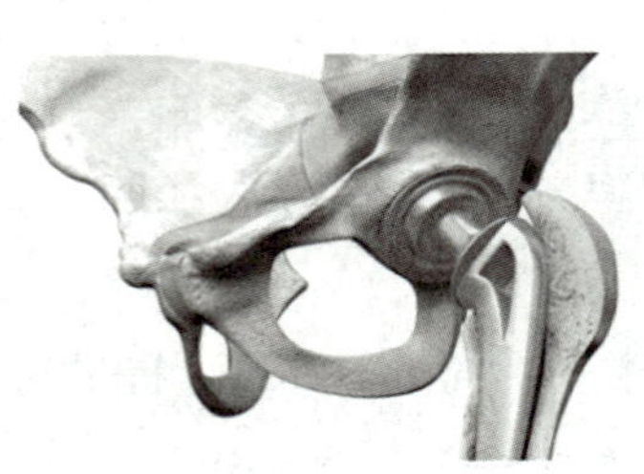

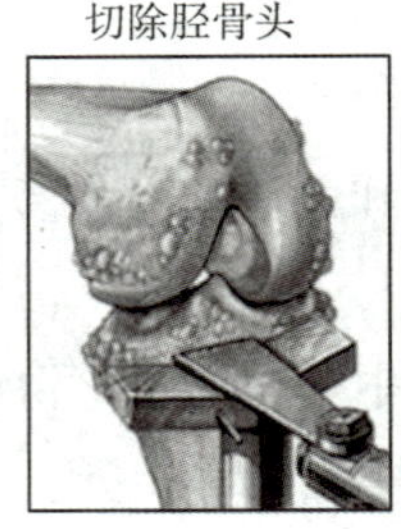

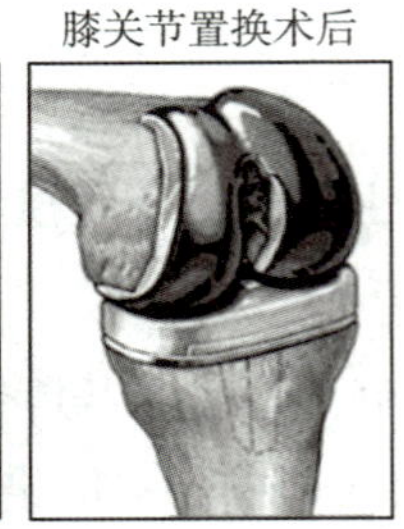

图 1－8　钴基合金髋关节植入假体以及钴基合金膝关节植入假体

（二）局限性

虽然钴基合金具有优异的耐磨性能，但在临床应用中也存在着一些不足。有研究表明，钴基合金制造的关节替换件在髋臼杯耐磨性测试试验中的磨损率为 0.14mm/a。当钴基合金作为关节替换材料时，摩擦磨损或腐蚀会造成金属颗粒或钴镍等金属离子的溶出，这些颗粒对骨细胞有一定毒害作用。这会导致周边组织炎症、骨质溶解、关节失效和长期毒性等问题，严重威胁植入物的安全长期服役和人体健康。

钴离子与镍离子的细胞毒性要略微高于铬离子。细胞毒性作用的程度与细胞暴露于提取物中的离子浓度和持续时间有关。此外，金属离子的溶出也会抑制 I 型胶原蛋白、骨钙素和相关生物酶的合成。溶出的钴离子还会引起植入体周围巨细胞和组织坏死，导致患者疼痛及植入体松动。

钴基合金存在的主要问题如下。①与人骨弹性模量不匹配：密度大，植入件质量大容易下沉；②铸造钴基合金常出现气泡、空洞等缺陷，使韧性降低，综合性能变差；③晶粒粗大是铸造 Co－Cr－Mo 合金有待解决的最大问题。目前，钴基合金发展的方向是进一步的合金强化（加入 N、W 元素），以得到强度更高的合金。

四、相关国家、行业标准

标准号：GB 4234.12—2024

项目名称：外科植入物 金属材料 第 12 部分：锻造钴－铬－钼合金

行业领域：医药

发布日期：2024－10－28

实施日期：2026－11－01

起草单位：天津市医疗器械质量监督检验中心；创生医疗器械（中国）有限公司；大博医疗科技股份有限公司；北京市富乐科技开发有限公司。

适用范围：规定了锻造钴-铬-钼合金的化学成分、力学性能等要求，适用于需要高强度、良好耐腐蚀性和生物相容性的外科植入物，如人工关节、骨折内固定器械等。

第六节　医用 Ni-Ti 形状记忆合金

一、特点及分类

形状记忆效应普遍认为与无扩散马氏体相变有关，本质上就是热弹性。热弹性行为归因于母相和马氏体的排列顺序。形状记忆效应不独 Ni-Ti 合金具有，迄今报道，具有此效应的合金已达数十种之多，如：Ti-Nb，Au-Cd，In-T1，Cu-Zn，Cu-A1，Ni-A1，U-Nb，Fe-Mn，Fe-Pt，Ag-Cd 系合金等，但具有实用价值，因而应用较多的要数 Ti-Ni 系和 Cu 基合金。后者形状恢复温度较高，而且价格便宜，在某些场合它可以补充 Ni-Ti 合金的不足，但在人体生理工程方面，它却绝不能替代 Ni-Ti 合金，因为 Ni-Ti 合金具有超弹性、相对稳定的恢复性能、良好的机械性能以及优异的耐腐蚀性能，因此目前 Ni-Ti 合金已经得到广泛应用。

二、理化性能

形状记忆合金是一种特殊的金属功能材料，这种金属在对低温马氏体相进行塑性变形后，经过相变温度范围加热时，马氏体结构发生热弹性改变，合金会恢复到初始形状。形状记忆合金由于具有许多优异的性能，因而广泛应用于航空航天、机械电子、生物医疗、桥梁建筑、汽车工业及日常生活等多个领域。形状记忆合金良好的生物相容性、射线不透性和核磁共振无影响等特性，使之成为继不锈钢、钛及其合金、钴基合金之后在医学上得以广泛应用的一类医用金属材料。

（一）物理性能

1. 相变特性（核心属性）

（1）形状记忆效应（SME）

1）相变机制：低温马氏体相（单斜晶体结构）受外力变形后，加热至奥氏体相变温度（$A_s \rightarrow A_f$）时，通过无扩散切变恢复高温奥氏体相（立方结构）的原始形状。

2）可逆性：相变循环次数可达 $10^5 \sim 10^6$ 次（取决于成分和工艺），体积变化仅 0.3%，保证高重复性。

（2）超弹性（SE，伪弹性）　奥氏体态行为：在 A_f 以上温度，施加应力诱发马氏体相变（应力诱发马氏体），卸载后应力释放，马氏体逆转为奥氏体，实现 8%~12% 应变的完全恢复（远超普通金属的弹性极限 0.2%）。

（3）相变温度调控　成分影响：Ni 含量每增加 0.1%，相变温度（A_f）升高约 10℃（典型范围：Ni_{49}%~Ni_{51}% 对应 A_f：-200~+150℃）。

热机械处理：时效处理（如 400~500℃保温）可析出纳米级 Ti_3Ni_4 相，精确调整相变温度（±5℃）。

2. 热力学性能 见表1－8。

表1－8 形状记忆合金热物性参数

参数	奥氏体相	马氏体相
密度	6.45g/cm^3	6.45g/cm^3
熔点	1310～1320℃	—
热膨胀系数	11×10^{-6}/℃	7×10^{-6}/℃
热导率	17W/(m·K)	16W/(m·K)
比热容	450J/(kg·K)	430J/(kg·K)

（二）化学性能

1. 耐腐蚀性

（1）钝化膜机制 表面自发形成5～10nm厚的TiO_2氧化膜（含Ni^{3+}掺杂），在pH 1～13范围内稳定。

（2）典型环境测试

1）酸：耐稀盐酸（<10%）、硫酸（<5%），腐蚀速率<0.1mm/年。

2）碱：耐NaOH溶液（<5%），腐蚀速率<0.05mm/年。

3）盐：在3.5% NaCl溶液中，点蚀电位>0.8V（SCE），优于316L不锈钢（0.2V）。

2. 抗氧化性

（1）低温（<400℃） 氧化速率<1mg/(cm^2·h)（形成致密TiO_2膜）。

（2）高温（>600℃） 氧化加速，生成多孔$NiO-TiO_2$混合层，需涂覆Al_2O_3或Cr_2O_3涂层（如航空部件）。

3. 生物环境稳定性

（1）离子释放 Ni^{2+}释放量<0.05μg/(cm^2·d)，远低于毒性阈值[1μg/(cm^2·d)]。

（2）蛋白质吸附 表面亲水性TiO_2膜吸附纤维连接蛋白，促进细胞黏附（生物相容性优于纯钛）。

三、机械性能

1. 力学参数 见表1－9。

表1－9 形状记忆合金力学参数

性能	马氏体相（M态）	奥氏体相（A态）	超弹性态（A态加载）
抗拉强度	600～1000MPa	1000～1500MPa	平台应力500～800MPa
屈服强度	100～300MPa	400～600MPa	—
延伸率	20%～30%	10%～20%	8%～12%（可恢复应变）
弹性模量	28～45GPa	70～100GPa	动态模量30～60GPa（相变区）

2. 疲劳与阻尼

（1）超弹性疲劳 10^6次循环后应变衰减<5%（应力幅<400MPa）。

（2）阻尼性能 内耗值（tanδ）0.1～0.3（相变区），是钢的10～20倍，适用于振动吸收（如桥梁支座）。

3. 断裂韧性　K_{IC}：20 ~ 30MPa · $m^{\frac{1}{2}}$（马氏体相），15 ~ 25MPa · $m^{\frac{1}{2}}$（奥氏体相），裂纹扩展受相变诱导塑性（TRIP）效应抑制。

四、临床使用性能

（一）临床应用

自 20 世纪 70 年代以来，Ni－Ti 合金得到众多的应用，包括正畸弓丝、血管支架及用于闭合和固定的骨科器械。在这些应用中，最成功的是在胃肠病学和心血管应用中的自扩张支架，如图 1－9 所示。使用这种支架，可以避免大型手术，而且对于危重患者，支架可能是唯一的选择。形状记忆合金拥有独特而优异的功能特性，如超弹性、形状记忆以及阻尼性能，同时还具有优异的生物相容性、耐蚀性、耐磨性和综合力学性能。目前，Ni－Ti 形状记忆合金已经被广泛用于制造多种医疗器械，涉及骨科、口腔科、泌尿外科、妇科、血管外科、神经外科等。在心血管科，用于制作血栓过滤器、人工心脏用人工肌肉和血管扩张支架、血管成形架等。在骨科，用于制作脊椎侧弯症矫正器械、人工颈椎椎间关节、加压骑缝钉、人工关节、颅骨板、接骨板，以及接骨超弹性丝、关节接头等。在口腔科，用作齿列矫正用唇弓丝、齿冠、托环以及齿根种植等方面。在其他方面，还用作前列腺扩张固定支架、节育环等。

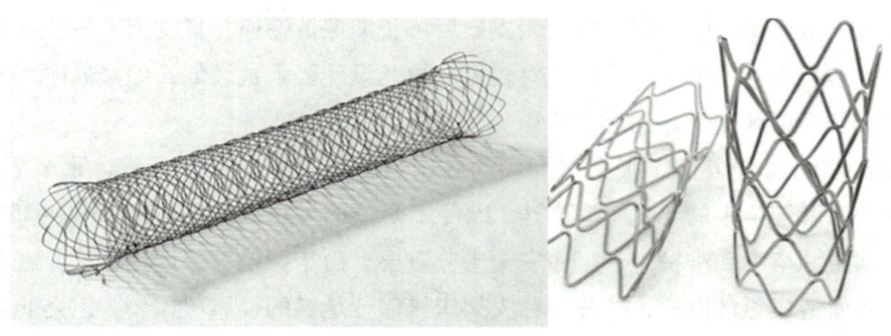

图 1－9　Ni－Ti 合金肝胆支架和 Ni－Ti 合金动脉支架

临床应用时，利用形状记忆合金的形状记忆特性显示出较大的优越性。可以在形状记忆合金发生形状记忆现象的临界转变温度（TTR）下制成所需固定形状，然后冷却到马氏体相，记忆此固定形状。再将合金做成易于手术操作的形状，进行植入手术，在体内达到 TTR 时，合金就会恢复到原有的形状。

1. 自膨胀支架　医用镍钛合金自膨胀支架依照支架外表面结构形态可分为金属裸支架、覆膜支架、放射性涂层支架、载药支架和可降解聚合物包裹支架；依照支架在人体内的植入领域可分为非血管支架和外周血管支架；依照支架植入后的工作时间可分为临时支架和永久性支架。随着医用镍钛合金自膨胀支架在人体管腔狭窄疾病介入治疗上的广泛应用，支架的研制技术也不断提升，从而使得其结构也在不断改进，总体来说，其发展过程与球囊扩张型支架的类似。由最初最简单的螺旋线圈状结构演变到稍复杂的编织网状结构，再到今天的激光切割管状结构（图 1－10）。

线圈状结构支架由镍钛合金丝线缠绕而成，支架制作过程简单富有弹性，但是强度不足且覆盖率低，容易产生术后再狭窄现象，因而逐渐被淘汰。网状结构支架是由镍钛合金丝线编织而成，支架的弹性好，但是强度差且容易产生移位现象（支架从病变部位脱落移动到其他部位的现象），故现今使用较少。管状结构支架是目前临床医学中使用最频繁的类型，该支架由光刻机在镍钛合金薄壁管上雕刻而成，此类支架不存在焊点等结构，且与病变管腔之间的接触为面接触，对病变管腔内壁的作用力较强，不易产生移位现象，同时由于结构强度大，管状支架的壁厚通常较小，更利于术后腔道畅通。

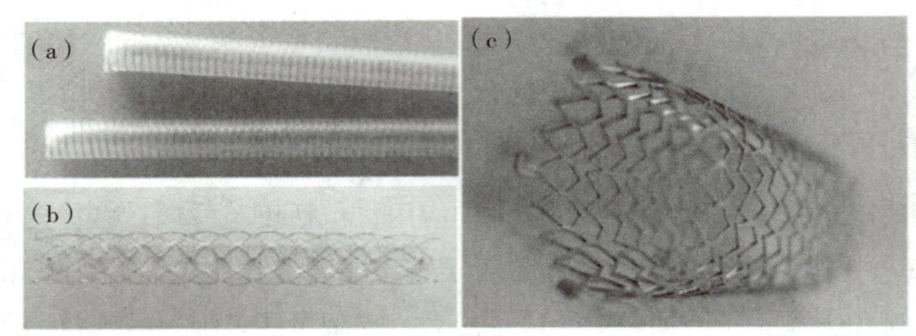

图1-10　不同种类的医用镍钛合金自膨胀支架

（a）螺旋线圈支架；（b）编制支架；（c）激光雕刻支架

目前，应用于外周血管和非血管中的医用镍钛合金支架已达200余种，以下介绍了部分应用较频繁的支架需具备的结构特性。

（1）胆道医用镍钛合金自膨胀支架　20世纪90年代末，随着医用镍钛合金自膨胀支架的研制成功，支架不能长期置放在胆道内的问题得以解决。由于医用镍钛合金自膨胀支架的生物组织相容性优异，且支撑强度强，从而保证病变胆道在植入支架后可长期保持畅通，且支架不发生移位脱落现象。由于需进行胆道内支架植入的患者生命周期相对较短，故其设计要求也较低，但是其刚度及表面耐碱性要求比其他支架高，从而可确保良好的近期效果。

（2）颈动脉医用镍钛合金自膨胀支架　颈动脉作为脑部供血的主要通道，狭窄后易引起脑卒中，有颈动脉狭窄症的患者脑卒中的年发病率高达12%，5年内的发病率更是高达30%~35%，因而颈动脉狭窄症的治疗对预防脑卒中和维护患者生命安全十分重要。由于颈动脉的内径较大，在支架植入时容易发生斑块脱落，从而造成急性血栓，故颈动脉支架应该保证足够的金属覆盖率，以防止植入过程中发生斑块脱落；此外，颈动脉支架通常放置的位置相对较浅，该部位活动较大，故要求支架具有足够的径向抗压缩性能，以防止支架在服役过程中发生移位甚至脱落。

2. 骨科和正畸器械　在骨科方面，多数骨修复病例中，先将形状记忆合金做到体温下所需要的形状，然后在手术过程中将其张开，把所需要固定的骨组织固定住；植入后，形状记忆合金在体温的作用下恢复到原有形状，进而将骨组织夹紧。这样就可以减少在手术过程中螺钉的使用，从而减少了骨组织的创伤。

自20世纪60年代以来，Ni-Ti合金在骨科手术中的应用方面开展了大量的研究，包括脊柱侧凸矫正棒和长骨固定钉。早期的试验研究表明，Ni-Ti合金在脊柱侧凸矫正系统中作用时，在压缩和牵引力的控制方面存在相当复杂的生物力学问题。与传统的植入体相比，Ni-Ti合金植入体可能无法提供任何改进。

Ni-Ti合金的形状记忆功能特性使其在微创外科应用中占有特殊的地位。现今，由Ni-Ti合金制作的自膨胀支架、架子、钳夹等已经应用于多种类型的外科手术中。

（二）局限性

根据已经发表的研究结果来看，Ni-Ti合金植入体在人体内的生物相容性极佳，具有很好的临床应用前景。当Ni-Ti合金需要期植入人体时，需要考虑是否进行表面处理。然而，由于缺少Ni-Ti合金生物相容性方面的研究结果，世界范围内的医学应用一直受到多种阻碍。商化的Ni-Ti合金植入器械，已有很多被美国 FDA 批准销售，但是这些 Ni－Ti 合金植体的长期行为还有待后续验证。有报道称，Ni－Ti 合金已经在俄罗斯和中国的大量患者中成功得到应用，主要用于骨骼修复或替代的相关疾病治疗。但是由于临床试验研究的数量和质量均有限，目前还无法给出明确的结论。

Ni－Ti 合金在低温（零度附近）时呈马氏体态，很容易变成易于导入人体内的形状，当温度升高到体温时，会产生逆相变，从而恢复到原来设定的形状，并产生较大的回复力起到矫形及支撑作用。近些年，虽然 Ni－Ti 形状记忆合金在血管支架上的应用备受关注，但是 Ni－Ti 合金在生理条件下可能溶出 Ni 离子，从而诱发毒性和炎性反应。为此，研究人员对该合金进行了大量表面改性研究，主要方法有表面惰性涂层化、表面氧化、表面活性化和表面接枝大分子等，虽然立足点各不相同，但均可以有效抑制 Ni 离子的溶出，改善 Ni－Ti 合金的抗腐蚀性和生物相容性。

尽管 Ni－Ti 合金的生物相容性研究已经十分广泛，但是相关报道或者试验结果仍然存在一些争议，尤其在骨科植入试验研究结果中表现出尤为明显的差异性。到目前为止，许多研究者认为 Ni－Ti 合金具有优良的耐蚀性和生物相容性，但同时，在长期植入的过程中，Ni 离子的释放是否会对人体产生毒性作用，仍旧是人们关注的重点，也许新型无 Ni 形状记忆合金的开发可以为消除这些顾虑提供一些新的机遇。

五、相关国家、行业标准

（一）标准号：GB/T 24627—2023

项目名称：外科植入物用镍－钛形状记忆合金加工材

行业领域：医药

发布日期：2023－12－28

实施日期：2025－01－01

起草单位：有研医疗器械（北京）有限公司；天津市医疗器械质量监督检验中心；有研亿金新材料有限公司；江阴佩尔科技有限公司；西安思维智能材料有限公司；深圳市药品检验研究院（深圳市医疗器械检测中心）；先健科技（深圳）有限公司；西安华创新材料有限公司、上海沙烁新材料有限公司。

适用范围：规定了用于制造外科植入物，名义成分（质量分数）为 54.5%～57.0% 镍的镍－钛记忆合金棒材、板材和管材的化学、物理、机械和冶金要求。

（二）标准号：GB/T 42516—2023

项目名称：高温形状记忆合金化学分析方法 铂含量的测定 硫脲络合沉淀法

行业领域：医药

发布日期：2023－05－23

实施日期：2023－05－23

起草单位：国合通用测试评价认证股份公司；国标（北京）检验认证有限公司；有研亿金新材料有限公司；广东省科学院工业分析检测中心；深圳市中金岭南有色金属股份有限公司；北矿检测技术股份有限公司；有研医疗器械（北京）有限公司；山东辰远检测服务有限公司；中国有色桂林矿产地质研究院有限公司、上海沙烁新材料有限公司。

适用范围：描述了硫脲络合沉淀法测定高温形状记忆合金中铂含量的方法。适用于高温形状记忆合金中铂含量的测定，测定范围（质量分数）为30.00%～70.00%。

（三）标准号：GB/T 39989—2021

项目名称：超弹性钛镍形状记忆合金棒材和丝材

发布日期：2021－05－21

实施日期：2021－12－01

起草单位：西安赛特思迈钛业有限公司；有研医疗器械（北京）有限公司；有研亿金新材料股份有限公司；有色金属技术经济研究院有限责任公司；西安思维金属材料有限公司。

适用范围：规定了超弹性钛镍形状记忆合金棒材和丝材的技术要求、试验方法、检验规则、标志、包装运输、贮存和随行文件及订货单内容。适用于制作眼镜架、矫形丝、导引丝、通信天线、建筑业、电力行业等用途的圆形和矩形超弹性钛镍形状记忆合金棒材及丝材。

（四）标准号：GB/T 39985—2021

项目名称：钛镍形状记忆合金板材

发布日期：2021－05－21

实施日期：2021－12－01

起草单位：西安赛特思迈钛业有限公司；有研医疗器械（北京）有限公司；有研亿金新材料股份有限公司；有色金属技术经济研究院有限责任公司；西安思维金属材料有限公司。

适用范围：规定了钛镍形状记忆合金板材的技术要求、试验方法、检验规则、标志、包装、运输、贮存和随行文件及订货单内容。适用于制作眼镜架、骨科植入物、弹簧等用途的钛镍形状记忆合金板材。

（五）标准号：GB/T 23614.2—2009

项目名称：钛镍形状记忆合金化学分析方法 第2部分：钴、铜、铬、铁、铌量的测定 电感耦合等离子体发射光谱法

发布日期：2009－04－15

实施日期：2010－02－01

起草单位：北京有色金属研究总院；有研亿金新材料股份有限公司；宝钛集团股份有限公司；西北有色金属研究院。

适用范围：规定了钛镍形状记忆合金中钴、铜、铬、铁、铌量的测定方法。适用于钛镍形状记忆合金中钴、铜、铬、铁、铌量的测定。

（六）标准号：YY/T 1771—2021

项目名称：弯曲－自由恢复法测试镍钛形状记忆合金相变温度

发布日期：2021－03－09

实施日期：2022－04－01

起草单位：天津市医疗器械质量监督检验中心；国家药品监督管理局医疗器械技术审评中心；江阴法尔胜佩尔新材料科技有限公司；上海微创医疗器械（集团）有限公司；有研医疗器械（北京）有限公司。

适用范围：规定了一种通过测量热转换过程中恢复的变形，确定马氏体向奥氏体转变温度的测试方法。适用于完全退火或热处理的镍钛合金。

答案解析

目标检测

一、选择题

1. 具有独特的形状记忆特性与超弹性的医用金属材料是（　）

A. 医用不锈钢　　B. Ni－Ti 合金

C. 医用钛合金　　D. CoCrMo 合金

2. 以下元素中，形成和稳定奥氏体组织的关键元素是（　）

A. Co 和 Cr　　B. Mo 和 Co

C. Ni 和 Co　　D. Ni 和 Cr

3. TC4 是（　）

A. α 型钛合金　　B. α＋β 型钛合金

C. β 型钛合金　　D. 以上都不是

二、简答题

1. 医用金属材料应具备哪些主要性能？
2. 举例说明两种常见的医用金属材料及其典型应用。

书网融合……

本章小结

第二章　新型医用金属材料

学习目标

1. **掌握**　高氮无镍不锈钢的理化性能、生物学性能以及临床应用情况。

2. **熟悉**　生物可降解金属的生物降解特性、生物学性能、力学性能及研究发展状况。

3. **了解**　抗菌医用金属的抗菌机制。

4. 学会用所学知识判别普通金属与新型医用金属材料的区别；区分新型医用金属材料的使用特点。

5. 具备阅读与分析新型医用金属材料相关应用的能力。

实例分析

实例　近年来，新型医用金属材料在临床应用中取得突破性进展。例如，高氮无镍不锈钢通过以氮替代镍，解决了传统不锈钢中镍离子致敏、致癌的问题，同时具备优异的力学性能和抗凝血性，已成功用于心血管支架，并获欧盟认证。生物可降解镁合金因在体内可降解的特性，被用于骨固定材料和血管支架，但需通过合金化与表面处理调控降解速率，以匹配组织修复周期。此外，含铜抗菌不锈钢通过释放铜离子抑制细菌感染，已在骨科植入器械中开展临床试验，显著降低术后感染风险。

问题　1. 如何平衡生物可降解金属（如镁合金）的降解速率与组织修复速度之间的矛盾？

2. 高氮无镍不锈钢在长期植入中是否可能因氮元素释放引发新的生物相容性问题？

3. 抗菌金属材料的广谱抗菌效果如何与人体微生态环境相协调以避免耐药性风险？

第一节　高氮无镍不锈钢

医用不锈钢作为金属植入材料仍广泛应用于骨修复、血管修复、口腔修复等的医疗器械。然而传统的医用不锈钢植入物还存在强度不足而导致的断裂、生物相容性有待进一步提高等问题。高无镍不锈钢以氮代替镍来稳定奥氏体组织，有效避免了镍对人体的可能毒副作用，同时不锈钢还获得了更加优异的力学性能和耐局部腐蚀性能。随着研究的深入，不锈钢的氮合金化带来的独特性能逐渐被挖掘出来。医用不锈钢以氮和锰代替镍的发展趋势不仅仅避免了镍元素的潜在危害，更重要的是，高氮含量的无镍奥氏体不锈钢具有优良的力学性能和生物相容性，高氮无镍不锈钢制造的医疗器械可以获得更加优异的使用安全性和有效性，目前在骨修复、血管修复等领域中已经开始得到应用。

一、成分与组织

氮（N）具有强烈的奥氏体化作用，因此高氮无镍不锈钢中通过添加 N 替代传统不锈钢中的镍（Ni）来稳定奥氏体组织。一般定义高氮不锈钢为钢中的实际 N 含量超过了在常压下冶炼所能达到的极限值。对于奥氏体不锈钢，含有0.4w%以上N替代Ni来稳定奥氏体组织的不锈钢被称为高氮无镍不锈钢。一般情况下，高氮无镍不锈钢中会加入大量锰（Mn），以增加N在钢中的固溶度，同时其本身也是一种奥氏体化元素。

医用高氮无镍奥氏体不锈钢完全采用氮元素代替不锈钢中镍，但在综合性能上不低于传统的医用金属，这与钢中添加的氮元素有着密切的关系。首先氮保证了无镍不锈钢的奥氏体基体，氮是非常强烈地形成并稳定奥氏体的元素，同时由于钢中添加了大量的锰元素，一方面提高了氮的溶解度，另一方面又稳定了无镍不锈钢奥氏体组织。稳定单一的奥氏体组织使无镍不锈钢具有较高的韧性和塑性。其次是氮的固溶强化作用，氮原子与碳原子在钢中都是以间隙原子形式产生固溶强化。

N在钢中的作用研究已经有百年历史，商用高氮无镍不锈钢的成功开发已有40余年。美国ASTM材料标准中已经列有医用高氮无镍不锈钢（F2229和F2581）。国际上开发出的医用高氮无镍不锈钢有P558、BIODUR108、NONICM等。

表2-1列举了部分国外的低镍和无镍的高氮不锈钢材料，国内在中低氮奥氏体不锈钢（氮含量0.05wt%~0.40wt%）研制和开发方面取得了较大成果，以钛钢为首的一些单位集中开发了多种中低氮不锈钢，如0Cr19Ni9N、1Cr17Mn6Ni5N等，但对高氮不锈钢的研究却处于刚刚起步阶段。近年来，我国不锈钢产业发展迅速，不锈钢的消费量正以每年25%以上的速度飞速增长，但作为一个镍资源比较缺乏的国家，国内镍资源的供给无法满足不锈钢产业增长对镍的需求，因此大力发展低镍或无镍的高氮不锈钢以节约镍资源，在我国具有特殊重要的意义。

表2-1　国外开发的低镍和无镍高氮不锈钢的化学成分

国家	牌号	化学成分（wt%）					
		C	Cr	Mn	Mo	Ni	N
瑞士	P. A. N. C. E. A.	≤0.15	16.5~17.5	10~12	3.0~3.5	-	0.8~1.0
奥地利	Bolher P548	0.15	16.0	10.0	2.0	-	0.5
	Bolher P560	≤0.06	20.5~22.5	22~24.5	≤1.5	≤2.5	0.8~0.95
保加利亚	CrMnN18-11	≤0.08	17~19	10~12	-	-	0.4~1.2
德国	VSG P900	0.05	18.0	18.0	-	-	0.6~0.8
	VSG P2000	≤0.05	16.0	14.0	3.0	-	0.75~1.0
日本	DSN9	0.02	23.0	6.0	2.0	10.0	0.5
	NFS	0.02	16.0	18.0	-	≤0.1	0.43

二、临床使用性能

（一）力学性能

1. 高强度特性

（1）固溶强化主导　氮原子（半径0.071nm）与铁原子（半径0.124nm）的尺寸差异显著，形成强烈的晶格畸变，阻碍位错运动。每增加1%（质量分数）的氮，室温屈服强度（YS）可提升150~200MPa。典型成分（如Fe-22Cr-0.6N）的屈服强度可达600~800MPa，远超传统316L不锈钢（YS≈205MPa）。

（2）细晶强化协同作用　高氮含量抑制奥氏体晶粒长大（如热加工中晶粒尺寸≤10μm），通过Hall-Petch关系进一步提升强度。晶界面积增加不仅阻碍位错滑移，还可捕获氮原子形成Cottrell气团，强化晶界。

(3) 析出相强化（如 γ'-Cr_2N）时效处理（如600~700℃保温）可析出纳米级 Cr_2N 颗粒，通过Orowan绕过机制阻碍位错，使抗拉强度（UTS）突破1200MPa（对比316L的UTS≈515MPa）。

2. 高硬度与耐磨性

(1) 硬度提升机制　固溶氮原子直接提高晶格阻力，维氏硬度（HV）可达250~350（316L≈150HV）。

加工硬化率（0≈500~800MPa）显著高于普通奥氏体不锈钢，冷加工后硬度进一步增至400HV以上。

(2) 耐磨性能优化　高硬度基体减少磨粒磨损；奥氏体结构的高韧性抑制裂纹扩展，适合滑动摩擦场景（如关节假体）；表面氮化处理（如离子氮化）可形成 ε-Cr_2N 硬化层（HV≈1200），耐磨寿命提升3~5倍。

3. 优异的延展性与韧性

(1) 奥氏体结构的本征优势　高氮稳定的面心立方（FCC）奥氏体具有12个滑移系，室温延伸率（E_I）保持20%~40%（与316L相当），断裂韧性（K_{IC}）达80~100MPa·$m^{\frac{1}{2}}$（优于马氏体不锈钢）。

(2) 动态应变诱发塑性（DSIP）效应　与高锰钢的TRIP（相变诱发塑性）不同，高氮不锈钢在形变时通过位错增殖而非相变吸收能量。孪生诱导塑性（TWIP）机制在高应变率下激活（如冲击载荷），局部应变集中区形成纳米孪晶（厚度50~200nm），实现强度-塑性协同增强。典型配比（Fe-20Cr-0.5N-5Mn）的强塑积（UTS×El）可达30~40GPa·%，超越多数医用金属材料。

4. 疲劳性能优化

(1) 循环载荷下的抗损伤能力

1) 疲劳极限（σ_n）：旋转弯曲疲劳试验显示，高氮不锈钢（如Fe-25Cr-0.8N）的 σ_n（10^7周次）为450~500MPa，是316L（≈200MPa）的2倍以上。

2) 裂纹萌生抑制（ΔK_{th}）：氮强化晶界减少滑移带不均匀性，延缓微裂纹形成；纳米析出相阻碍裂纹扩展（ΔK_{th}≈5MPa·$m^{\frac{1}{2}}$）。

(2) 腐蚀疲劳特性　在模拟体液（SBF）中，高氮奥氏体的点蚀电位（E_{pit}≈+0.8V vs. SCE）高于316L（E_{pit}≈+0.2V），腐蚀坑引发的疲劳裂纹起始时间延迟，寿命提升40%以上。

表2-2对比了几种常见医用金属材料的典型力学性能。

表2-2　几种常见医用金属材料的典型力学性能对比

性能指标	高氮无镍不锈钢（Fe-22Cr-0.6N）	316L不锈钢	医用钛合金（Ti-6Al-4V）
屈服强度（YS, MPa）	650~800	205	860
抗拉强度（UTS, MPa）	1000~1200	515	965
延伸率（E_I,%）	25~35	40	10
硬度（HV）	280~350	150	340
疲劳极限（σ_n, MPa）	450~500	200	550
弹性模量（E, GPa）	190~200	193	110

（二）耐腐蚀性能

1. 耐腐蚀的核心机制：强化钝化膜

(1) 钝化膜的形成　高氮不锈钢中高含量的Cr（通常≥17%）在氧化性环境中形成致密的 Cr_2O_3 钝

化膜，阻断金属与腐蚀介质的接触。氮的加入通过以下方式增强钝化膜性能。

1）固溶强化：N 原子间隙式固溶于奥氏体基体，提高钝化膜的致密度和稳定性。

2）抑制阴离子吸附：N 降低 Cl^- 等腐蚀性离子在膜表面的吸附能力，延缓钝化膜破坏。

3）提高临界钝化电流密度：使材料更易进入钝化状态，降低均匀腐蚀速率。

（2）钝化膜的成分优化　合金中的 Mo（如添加 2%～3%）与 N 协同作用，形成含 Mo 的复合钝化膜（如 $Cr_2O_3-MoO_3-N$ 化合物），进一步提升耐点蚀和缝隙腐蚀能力。

2. 典型腐蚀环境下的性能表现

（1）点蚀与缝隙腐蚀　氯化物环境（如模拟体液）：高氮不锈钢的点蚀当量值（PREN）（计算公式：PREN = %Cr + 3.3 × %Mo + 16 × %N）显著高于传统 316L 不锈钢（PREN≈25），例如某高氮钢（Cr18 - N2 - Mo2）的 PREN≈35，耐点蚀温度（CPT）可达 50～70℃（316L 为 10～20℃）。

（2）机制　N 抑制 Cl^- 在钝化膜缺陷处的吸附，减少活性溶解位点；Mo 形成的含氧酸根（如 MoO_4^{2-}）填充膜缺陷，阻碍腐蚀扩展。

（3）晶间腐蚀　无镍 + 低碳/稳定化处理：避免了 Ni - Cr 合金中 $Cr_{23}C_6$ 的晶界析出（传统奥氏体不锈钢晶间腐蚀的主因）。高氮钢通常采用低碳（≤0.03%）或添加 Ti、Nb 等稳定化元素，抑制晶界贫 Cr 区形成。

实例：在 65% HNO_3（Strauss 试验）中，高氮钢的腐蚀速率 < 0.1mm/年，满足医用材料标准（ASTM F138）。

（4）应力腐蚀开裂（SCC）

1）优势：奥氏体结构本身对 SCC 不敏感，氮的固溶强化提高强度的同时，未显著降低断裂韧性。在含 Cl^- 的高温高压环境中（如核电站部件），其抗 SCC 性能优于 316L 不锈钢。

2）限制：在强酸性（如 H_2SO_4）或含 H_2S 环境中，需通过添加 Mo、Cu 等元素进一步优化。

（5）均匀腐蚀　在中性或弱碱性介质（如自来水、生理盐水）中，腐蚀速率 < 0.01mm/年（钝化态），远低于碳钢（> 1mm/年）。酸性环境（如 pH < 4）中，腐蚀速率随 H^+ 浓度增加而上升，但仍优于低 Cr 钢。

表 2 - 3 对比了三种医用不锈钢耐腐蚀性。

表 2 - 3　三种医用不锈钢的耐腐蚀性对比

合金类型	主要成分（%）	PREN	点蚀温度（℃）	应用场景
高氮无镍钢（例）	Cr18 - N2 - Mn12 - Mo2	38	65	医用植入物、海洋设备
316L 不锈钢	Cr17 - Ni12 - Mo2	25	15	常规医疗器械
904L 不锈钢（高 Mo）	Cr20 - Ni25 - Mo4	40	70	强酸环境（非医用）

（三）高氮无镍不锈钢的生物相容性

1. 生物相容性的核心基础：无镍化与低毒性元素设计

（1）彻底消除镍的致敏风险

1）镍的危害：传统 316L 不锈钢（含 10% Ni）释放的 Ni^{2+} 是强致敏原（约 10% 人群对镍过敏），可引发接触性皮炎、细胞毒性（如 DNA 损伤）。

2）高氮钢的优势：通过 N、Mn 替代 Ni 形成奥氏体结构（如 Cr18 - N2 - Mn12 - Mo2），完全不含 Ni，从源头避免 Ni^{2+} 释放。

3）实验验证：ISO 10993—10 致敏试验显示，高氮钢的迟发型超敏反应（DTH）评级为 0 级（无反应），而 316L 不锈钢评级为 2 级（轻度反应）。

（2）控制毒性元素含量

1）Cr 的双重性：Cr^{3+}是人体必需微量元素（参与糖代谢），但 Cr^{6+}具有强毒性。高氮钢的钝化膜（Cr_2O_3为主）稳定性高，Cr^{3+}释放量 <1μg/(cm^2·d)［ISO 10993—17 浸提标准：≤10μg/(cm^2·d)］。

2）Mn 的安全性：Mn 是奥氏体稳定剂（通常≤15%），其释放量 <5μg/(cm^2·d)（WHO 饮用水标准：≤400μg/L）。长期研究表明，医用级高氮钢的 Mn 释放不会导致神经毒性（如帕金森综合征风险）。

3）Mo 的良性作用：添加 2% ~3% Mo 提高耐腐蚀性，Mo^{6+}是人体必需元素（参与酶代谢），释放量 <0.5μg/(cm^2·d)［安全阈值 <100μg/(cm^2·d)］。

2. 表面特性与生物相容性

（1）钝化膜的生物稳定性

1）膜结构：高氮钢的钝化膜含 Cr_2O_3、MnO、MoO_3 及氮化物（如 CrN），厚度 2 ~5nm，比 316L 的 Cr_2O_3膜（1 ~3nm）更致密。

2）离子屏障作用：在模拟体液（SBF）中，高氮钢的金属离子总释放量 <5μg/(cm^2·d)［316L 为 8 ~12μg/(cm^2·d)］，符合 ASTM F138 医用不锈钢标准［≤15μg/(cm^2·d)］。

（2）蛋白质吸附与细胞响应

1）选择性吸附：钝化膜表面的羟基（—OH）和氮基团（—NH）促进白蛋白（生物相容性蛋白）吸附，抑制纤维蛋白原（促凝血蛋白）吸附，改善血液相容性。

2）细胞实验：MTT 法显示，高氮钢对成骨细胞（MC3T3 - E1）的存活率 >95%（阳性对照：316L 为 90%），细胞增殖率（BrdU 标记）提高 15%，表明其促组织整合能力更优。

3. 生物相容性的关键评价维度 见表 2 -4。

表 2 -4 高氮无镍不锈钢生物相容性评价表

评价维度	高氮无镍不锈钢性能	标准/对比（316L 不锈钢）
细胞毒性	浸提液对 L929 细胞的相对增殖率 >90%（ISO 10993—5：≥70%）	316L：85% ~90%
致敏性	无迟发型超敏反应（0 级）	316L：2 级（轻度反应）
血液相容性	溶血率 <1%（ISO 109933—4：≤5%）；血小板黏附量减少 30%（抗血栓性提升）	316L：溶血率 2% ~3%；血小板聚集明显
组织反应	植入兔股骨 6 周后，纤维包膜厚度 <50μm（316L 为 80 ~100μm），新生骨接触率 >40%	ASTM F138：无急性炎症反应
遗传毒性	Ames 试验（沙门菌回复突变）阴性；微核试验无染色体损伤	同类医用合金标准（无 Ni 时风险更低）

三、在医疗器械中的应用前景

由于同时具有优异的力学性能、耐腐蚀性能以及生物相容性，高氮无镍不锈钢在多个领域吸引了广泛的关注。起重，在医疗器械方面，目前以近乎开发出用于骨修复和心血管修复的新型产品，并开始应用于临床。

在骨科器械方面，美国 Zimmer 公司利用 BIODUR108 合金开发出无镍不锈钢空心骨螺钉系统。在不降低螺钉强度的前提下，新型空心骨螺钉具有更深螺纹和更大孔径等特点。因此，高氮无镍不锈钢空心螺钉对受伤骨组织会产生更大的持力和植入精度。Renovis 和 OrthoPediatrcs 等公司也采用 BIODUR108 合金开发出空心骨螺钉。在心血管器械方面，加拿大 TrendyMED 公司利用 BIODUR10 合金开发出具有更低网丝厚度和表面覆盖率的冠状动脉支架，明显提高了临床成果，这种新型支架在加拿大已通过特别计划的形式销售。

我国的中科益安医疗科技（北京）股份有限公司与中国科学院金属研究所合作，利用 BIOSSN 开发出无镍不锈钢冠状动脉支架产品，如图 2－1 所示。该新型冠状动脉支架避免了目前临床使用金属支架中 Ni 溶出对人体的有害作用，同时材料的高强度使支架获得更薄的网丝、更大的支撑力以及更加优异的变形均匀性和柔顺性。

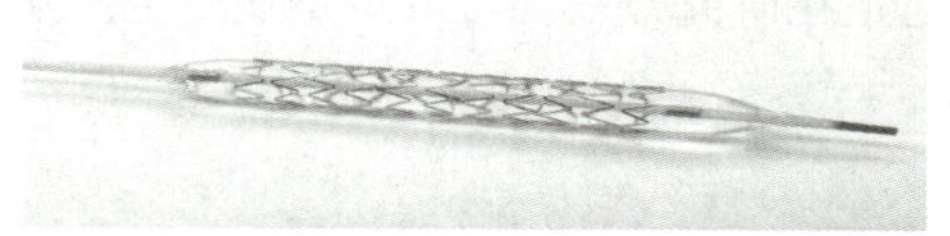

图 2－1　高氮无镍金属药物洗脱冠脉支架

目前，我国开发的高氮无镍不锈钢冠状动脉支架产品已经进入大规模临床试验阶段，而在相关骨植入器械开发方面仍然空白。近些年的研究结果使人们逐渐认识到了镍离子对人体的危害，包括中国在内的许多国家均推出低镍或无镍医用不锈钢标准，如美国 ASTM 发布的 F2229—2021 和 F2581—2012（2017）医用高氮无镍不锈钢标准。随着材料制造成本的降低，具有优异综合性能的医用高氮无镍不锈钢的临床应用会更加广泛。高氮无镍不锈钢植入医疗器械可获得更加优异的服役安全性和有效性，普遍认为其具有更广阔的临床应用前景。

知识链接

可降解高氮铁合金血管支架的创新

中科院金属所生物材料研究团队进一步将高氮合金化思路扩展至可降解材料领域，开发出新型可降解高氮铁合金。该材料通过氮固溶和纳米孪晶强化，实现强度（屈服强度 750MPa、抗拉强度 1000MPa）与塑性（断裂延伸率 > 50%）的同步提升，突破了传统铁合金降解速率慢和局部腐蚀的瓶颈。

技术亮点：利用铁氮团簇（FeN）加速非氧化降解反应，降解速率比普通铁合金提高 60% 以上。通过超细纳米孪晶（< 15nm）促进平面滑移，延缓颈缩现象，提升加工硬化能力。该材料制成的薄壁血管支架（厚度接近不可降解钴基合金支架）已在动物实验中验证其安全性，可减少再狭窄率和血栓风险。

第二节　生物可降解金属

随着医学和材料科学的发展，人们往往会希望一些植入体内的材料在完成医疗功能后，能随着组织或器官的再生而逐渐降解吸收，以最大限度地减少外来材料对机体的长期影响。“生物降解”是指在特定的生物活动中所引起的材料逐渐被破坏的过程。实际上材料在体内的降解过程往往是多种因素共同或交叉作用的结果。植入体内的材料在长期处于物理、化学、生物、电、力学等因素的复杂影响下，材料不仅受到各种器官组织不停运动的动态作用，还处于代谢、吸收、酶催化反应中，同时植入物与体内不同部位之间常处在相对运动之中。在这样多的影响因素及其长期、综合的作用下，一些材料很难保持原有的化学、物理及力学特性，从而发生降解。生物可降解材料在医学领域中发挥了重要的作用，目前已经应用到临床的可降解生物材料主要包括可降解高分子、可降解陶瓷，它们已应用于医用缝合、癌症治疗、计划生育、药物释放体系、器官修补、组织工程、外科用正骨材料等域中，其应用前景十分广阔。

可降解金属的定义：可降解金属（biodegradable metal）是指能够在体内逐渐被体液腐蚀降解的一类医用金属，它们所释放的腐蚀产物给机体带来恰当的宿主反应，当协助机体完成组织修复使命之后将全部溶解，不残留任何植入物。目前正在研究开发的可降解金属分为三类：可降解镁基金属、可降解铁基金属和可降解锌基金属。

一、生物可降解镁基金属

镁基金属在可降解金属中的研究最为广泛和深入，目前已有多个产品获批入临床应用。可降解镁基金属具有多方面的优势，主要包括：①在人体环境中的可降解特性，可避免植入物的二次手术取出；②镁是人体中排位第四的常量金元素，因此镁基金属的降解产物具有较好的生物相容性；③与可降解高分子、可降解陶瓷相比，具备金属材料特有的优异综合力学性能和加工成形性能；④以逐渐腐蚀为降解方式，可使其力学承载能力逐渐下降；具有更低的弹性模量（约 40GPa），可降低甚至避免植入骨组织后引起的应力遮挡效应；具有接近人体组织的密度（约 1.8g/mm^3），植入物更加轻便。

对于可降解镁基金属而言，其降解性能、生物学性能和力学性能最为重要，下面分别介绍可降解镁基金属在这三个方面的性能特点，以及针对上述三个性能的相关研究和应用现状。

（一）生物降解特性

镁（Mg）由于腐蚀电位低，在很多介质中容易发生腐蚀。镁的化学性质非常活泼，在空气中会与氧气反应生成氧化镁，在含水环境中腐蚀更快，生成 $Mg(OH)_2$，产生 H_2，反应方程式如下：

$$Mg(s) + 2H_2O(g) \longrightarrow Mg(OH)_2(aq) + H_2(g)$$

镁的主要腐蚀破坏形式为局部腐蚀，初期发生不规则的局部腐蚀，随后逐渐遍布镁表面，腐蚀速率逐渐增大，但并不容易发生深度点蚀。这是由于阴极反应产生的高碱性腐蚀产物 $Mg(OH)_2$，减缓了腐蚀倾向，从而延缓了腐蚀的进一步发生。镁基金属（纯镁及其合金）在人体中的降解行为受到很多因素影响，下面总结了几个主要因素。

1. 材料纯度 镁的纯度对其耐腐蚀性能影响很大。一般商用纯镁被认为是“低纯度”镁，商用纯镁的腐蚀速率是高纯镁的 50 倍以上。高纯镁具有更好的耐蚀性是因为其杂质元素含量可以控制在极低的程度，从而很大程度上抑制了由电偶腐蚀而引起的腐蚀加速。对纯镁而言，残存的 Fe、Ni、Co、Cu 等元素对其耐腐蚀性能的影响很大。当这些元素含量低于特定极限值时，纯镁的腐蚀速率很小，而超过此极限值时，会加速纯镁的腐蚀。对于高纯镁，各杂质元素之间会相互影响，其关联作用不可忽视，因此要使高纯镁获得较高的耐蚀性，应该尽量降低以上杂质元素的含量。

2. 加工状态 不同的加工状态对镁基金属的降解也会产生不同影响。例如，挤压、轧制过程中产生的织构对镁合金的降解速率会产生显著影响。锻造和热轧的纯镁经过固溶处理后，会使其中的杂质元素及夹杂物充分扩散至晶粒内部，因此有效降低了发生电偶腐蚀的概率，提高了纯镁的耐蚀能力。利用塑性变形可以实现较大真应变的累积，在镁合金的显微组织内部诱发产生大量的位错，从而达到明显细化晶粒的目的，使镁合金的性能得以提高或改善。大塑性变形技术借助细晶强化手段，在提高镁合金的强度和韧性的同时，也有可能影响其耐腐蚀性能。

3. 环境　镁基金属的腐蚀过程依赖于腐蚀环境。有研究表明，由于人体环境复杂，无法在体外精确模拟体内环境，因而镁基金属的体内降解速率比体外模拟环境下的降解速率约低4个数量级。人体内水分占体重超过60%，血浆和细胞液中也存在许多中性的无机离子，包括Mg^{2+}、Ca^{2+}、Cl^-、HCO_3^-、SO_4^{2-}和HPO_4^{2-}，以及氨基酸和蛋白质等有机化合物。

由于体内不同部位的体液量、血供等情况不同，因而镁基金属在不同部位植入会表现出不同的降解行为，在损伤机体修复过程中的微环境变化也会对镁基金属的降解行为产生影响。例如，AZ31镁合金植入动物不同部位时的降解速率不同，在骨髓腔中的降解速率最大，在皮质骨内的降解速率最小，这种现象可以归结为体液交换速度的不同，甚至可能是在不同组织间的氢扩散系数存在差异所致。

4. 应力　金属腐蚀在应力作用下很可能会发生突变而导致过早开裂。据研究报道，合金在含氯环境中更容易发生应力腐蚀导致开裂，一些商业铁镁合金，如AZ91、AZ31、AM30等，在蒸馏水等较温和的环境中也容易发生应力腐蚀开裂而引起失效，其在人体复杂环境中则更容易发生应力腐蚀开裂。铁金属植入物在使用中的另一个大问题是其腐蚀疲劳性能，腐蚀疲劳破坏是电化腐蚀和循环机械载荷共同作用的结果，对于骨科植入物来说，最终的植入物失效往往与腐蚀疲劳有关。在循环载荷作用下，压铸AZ91D和挤压WE43镁合金的腐蚀速率较静态浸泡试验都有所升高。

（二）生物学性能

镁是人体中的常量金属元素，细胞外液中的镁水平范围为0.7~1.05mmol/L在体内通过肾脏和肠来维持平衡。当血清镁含量超过1.05mmol/L时，可引起肌肉瘫痪、低血压和呼吸窘迫。达到6~7mmol/L时可致心脏骤停，但高镁血症发病率较罕见，原因是镁在体内电解质环境中，会腐蚀形成一种可溶性和无毒的氧化物，由尿液排出。

人体中约一半的镁存在于骨组织中，因此镁基金属在骨科中应用具有众多先天的生物学基础。镁离子能够刺激骨折端处的硬骨痂生成，诱导成骨，促进骨折愈合，并刺激软骨生成。很多研究发现，可降解镁基金属对骨折的修复具有积极的作用，然而其机制仍尚未明确。镁除了具有促成骨的作用外，同时还具有抑制破骨的作用，从而阻止磨损颗粒导致的骨溶解。

镁具有良好的生物相容性，植入后能与周围组织紧密接触且无不良反应，金属镁的密度为1.74~1.84g/cm^3，弹性模量为41~45GPa，接近人体骨组织的密度和弹性模量（弹性模量为15~25GPa），这些性能为镁及镁合金作为骨植入材料提供了良好的应用基础。另外，镁及镁合金降解产生的镁离子也不会对机体造成负担，因为细胞可以耐受比生理浓度大16倍的镁离子浓度。动物实验结果表明，经等离子体电解氧化锂的镁锌钙合金植入兔颅骨缺损部位后以2.32mm/年的速率降解，没有引起兔的心、肝、肾、脾功能障碍，在植入WE43镁螺钉植入治疗骨折的临床试验也未发现高镁血症的迹象，并且血中镁浓度水平正常，在正颌手术患者中应用WE43镁压缩螺钉后未观察到过敏反应、肝肾功能障碍或镁血清水平升高等并发症。

（三）力学性能

在力学性能方面，与目前临床应用的植入材料相比，可降解镁基金属具有与皮质骨相近的弹性模量，可避免由316L不锈钢、钛合金和钴基合金等高弹性模量材料引起的“应力遮挡”效应。但与非降解的316L不锈钢、钛合金和钴基合金等相比，可降解镁基金属的强度明显较低，塑性相对较差。由于受到力学性能的限制，镁基金属目前在临床上只考虑应用到非承力部位。虽然与非降解金属材料相比，镁基金属的强度低，但是与可降解高分子相比，镁基金属则具有更高的强度和塑性组合，因而比可降解高分子具有更高的力学安全性。对于可隆解镁基金属，除了需要高于植入部位应力环境对力学性能的要求外，还需要在植入手术操作中，保证植入体能安全和完整地植入病患部位承担治疗作用。因此，虽然可降解镁基金属只应用于非承力部位，但是对其力学性能依然有所要求，以保证手术操作过程中植入物的力学可靠性。

镁基金属的力学承载能力随着降解过程而逐渐衰退，由于所处环境的差异，其承载能力的变化规律也不尽相同。由于镁基金属降解的特点是前期降解快，后期降解逐渐变慢，其力学承载能力也大体呈现该趋势。

（四）研究发展现状

镁基金属的生物可降解特性是其作为生物材料最重要的优势。然而由于镁基金属的自腐蚀电位较低，通常认为其降解速率过快，继而引发一系列如力学性能过快衰减及氢气释放形成气泡积累等问题，因而影响了镁基金属的临床应用。如何调控镁基金属的降解速率使之与人体不同部位的修复速度相适配，仍然是亟待解决的问题和人们研究的重点。此外，一些植入部位对镁基金属的力学性能提出了更高的要求。因此，人们从多个方面来研究镁基金属的设计、制备和加工，以提高镁基金属的降解、力学和生物学等性能。

1. 成分设计 目前商业开发的镁合金多用于工程应用目的，具有较好的力学性能和耐腐蚀性能。然而，商用镁合金并不是为医用而设计的，因此可能会存在一些潜在的问题。例如，目前研究较多的商业镁合金AZ31、AZ91、WE43、LAE442等，为了提高其耐腐蚀性能和力学性能，加入了A1和高含量稀土等元素，对人体可能会产生潜在毒性作用。因此，近年来人们开发出一些新型医用镁合金，合金中添加了一些对人体有益的金属元素，主要有Mg－Ca、Mg－Zn、Mg－Sr、Mg－RE等合金体系。

（1）Mg－Ca系合金　钙（Ca）是人体中的常量金属元素，是人体骨骼中的主要成分。Ca的密度较低（1.55g/cm^3），使Mg－Ca合金体系具有与骨相似的密度优势。Mg是Ca与骨结合的必要物质，Mg^{2+}和Ca^{2+}的共同释放有助于骨愈合。为此，Mg－Ca合金作为一种新型生物可降解镁合金，国际上已有多个研究团队在对其进行研究。

（2）Mg－Zn系合金　锌（Zn）是人体必不可少的微量金属元素，其在镁合金中具有更强的强化作用。Zn可以提高镁的腐蚀电位和法拉第电荷转移电阻，从而提高镁合金的耐腐蚀性能，目前已经发展出性能优良的Mg－Zn系合金。

（3）Mg－Sr合金　锶（Sr）是对人体有益的微量金属元素，可调节骨间充质干细胞（BMSC）向成骨细胞分化，并促进骨基质蛋白的合成和沉淀，因此Sr对成骨细胞分化和生成有促进作用。Sr可改善骨代谢，预防骨丢失，提高骨质疏松动物的骨质量。Sr具有高效的晶粒细化作用，可提高镁合金的力学性能。

（4）Mg－RE合金　稀土（RE）元素的加入可显著提高镁基金属的力学性能和耐腐蚀性能。Mg－Y－Zn合金具有良好的微观结构、力学性能、电化学性能和生物学性能，是一种很有前途的生物可降解镁合金。

稀土对镁合金具有独特的净化和强化作用。钇（Y）在合金中能同时起到固溶强化、时效析出强化、细化晶粒的作用，使镁合金的力学性能得到提高。Y 还可以与镁合金中的 H、O、S 等元素相互作用，并将熔液中的 Fe、Co、Ni、Cu 等有害金属杂质转化为金属间化合物除去，从而提高镁合金的耐腐蚀性能。钕（Nd）能降低镁的基面稳态层错能，对基面滑移起到钉扎作用，从而起到强化效果。Gd、Dy、La、Ce 均可通过固溶和时效两种强化机制提高镁合金的力学性能，并增强镁合金表面膜层的稳定性，从而提高镁合金的耐蚀能力。

（五）应用展望

可降解镁基金属的应用研究以骨内固定器件和心血管支架为主，另外，在组织血管夹方面的应用研发进展也较迅速。

1. 骨内固定器件 可降解镁合金骨钉和骨板，一般用于小骨骨折及非承力部位的骨组织固定，如图 2-2 所示。镁合金骨钉和骨板具有可降解性，而且综合力学性能高于可降解高分子，降解产生的镁离子可有效促进骨组织愈合。镁基金属越来越多的优势正在被人们发现，因此可以说镁基金属作为骨固定材料的应用潜力非常大。

图 2-2 可降解镁合金骨钉

2. 血管支架 血管内支架置入术已成为冠状动脉和外周血管阻塞性疾病的主要治疗手段。但是现有金属材料制作的支架长期存留在体内易导致内膜增生，从而严重影响支架置入术的中、远期疗效。采用镁基金属制作的可降解血管支架（图 2-3）在人体内完成治疗使命后，会逐步降解消失，因而不需要患者长期服用抗凝药物，能消除患者发生血管再狭窄等问题，并减少患者的经济负担。

图 2-3 可降解镁合金血管支架

3. 组织血管夹 除了在血管支架、骨修复中的应用，有人还尝试可降解镁合金在血管夹等方面的应用，如图 2-4 所示。我国苏州奥芮济医疗科技有限公司开发的可降解镁金属组织血管夹已获批国家创新医疗器械产品。可定向降解的镁金属血管夹的上臂、下臂的不同侧面具有不同的微观组织结构及电位差，从而可实现血管夹闭合后由外侧向内侧方向的定向降解。血管夹使用先挤压后轧制成形的镁金属板材，采用数控铣床、线切割加工，将制作好的血管夹放入定向退火装置内进行瞬时加热处理，使血管夹的内外侧形成不同的电位差，从而实现定向降解功能。

除了上述应用开发，人们也正在以各种形式探索镁基金属在其他医用领域中的潜在应用，如多孔镁组织工程支架、外科缝线、吻合钉等。

图 2-4 可降解镁合金血管夹

二、生物可降解铁基金属

铁（Fe）是人体内极其重要的微量元素，其在成年女性和男性体内的含量平均分别约为 35mg/kg 和 45mg/kg。铁元素广泛参与人体的新陈代谢过程，包括氧的运输、DNA 的合成、电子的传递。

对于可降解支架，临床上希望植入的支架能够在最初的 1～12 个月内保证力学性能的完整性，并在之后的 12～24 个月内完全降解。相对于镁基金属较快的降解速率，铁基金属较慢的降解速率能够满足这一要求，从而带动了生物可降解铁基金属的研究发展。相对于其他具有潜在应用前景的可降解心血管支架用材料，纯铁的力学性能最接近 316L 不锈钢。尤其是其良好的塑性，可以保证支架在扩张过程中不会断裂，这一优势在大尺寸可降解支架的设计上会更加明显。

铁基金属具有较高的密度，对 X 线不透明。因此在支架植入和后期观察时，可以方便地通过荧光透视观察到支架在体内的状况。虽然纯铁具有铁磁性，在铁中加入足量 Mn 形成奥氏体结构，制备出无磁性的 Fe-Mn 合金，使其具有良好的核磁共振兼容性。

1. 力学性能 铁及其合金具有较高的弹性、强度和塑性。铁的弹性模量大于 316L 不锈钢及镁，支架径向支撑力较聚合物及镁基材料具有较大优势。但是铁的屈服强度和抗拉强度接近，理论上会导致铁支架在植入过程中发生断裂。

2. 降解性能 铁的标准电极电位为 -0.44V，是一种易腐蚀材料。相对于镁，铁的活动性较弱，腐蚀降解较慢。镁基材料降解生成的氢气会聚集在晶界和位错原有的微隙内形成局部高压，引发材料的脆性断裂，同时生成的氢氧根会导致局部 pH 的上升而抑制细胞生长。

Fe 在体液环境中首先被氧化为金属离子，反应式如下：

$$Fe \longrightarrow Fe^{2+} + 2e^-$$

$$2H_2O + O_2 + 4e^- \longrightarrow 4OH^-$$

游离的 Fe^{2+} 与 OH^- 反应生成难溶的氢氧化物：

$$2Fe^{2+} + 4OH^- \longrightarrow 2Fe(OH)_2 \text{或} 2FeO \cdot 2H_2O$$

$$4Fe(OH)_2 + O_2 + 2H_2O^- \longrightarrow 4Fe(OH)_2 \text{或} 2Fe_2O_3 \cdot 6H_2O$$

动物体内试验结果分析认为，铁支架在体内的降解产物主要由内层的 Fe_3O_4 和中层的 $Fe(OH)_3$ 或其脱水产物 FeO 和 Fe_2O_3，以及外层的 $Ca_3(PO_4)_2$ 组成。铁基材料在降解时虽然也存在生成氢气和氢氧根等问题，但其降解速率慢基本不会产生影响。

3. 生物相容性 铁是体内营养元素之一，是构成血红蛋白、肌红蛋白、细胞色素和多种氧化酶、代谢酶的重要成分，是人体维持生命、进行细胞呼吸活动的催化剂。成人体内铁的含量为4～5g。铁与316L不锈钢具有类似的血液相容性。可降解铁支架质量较小，且降解缓慢，释放出的铁元素含量远小于血液中铁元素的含量，不会导致全身毒性。有国外学者曾将可降解铁支架（含铁大于99.8%）植入新西兰兔的下行主动脉，在6～18个月的随访期间，没有血栓并发症，无不良事件发生，病理检查证实局部血管壁无炎症反应，平滑肌细胞无明显增殖。这些都表明铁具有良好的生物相容性。

4. 抗再狭窄 国外学者在体外实验中证实，过多的亚铁离子会对人脐静脉平滑肌细胞的生长产生抑制作用，有益于抵抗再狭窄。还有学者发现，较低浓度（$<10\mu g/ml$）的三价铁离子有益于内皮细胞的新陈代谢，而较高的浓度（$>50\mu g/ml$）会对内皮细胞产生毒性。一个50kg的人约有2800ml血液，如果一个铁支架（约20mg）完全降解进入血液铁离子浓度约为$7\mu g/ml$，是有益于内皮细胞生长的，对降低再狭窄率有积极作用。

5. 应用展望 铁基材料的腐蚀降解过程受到多种因素影响，主要包括其化学成分、处理方式、所处的环境等。在提高铁及其合金的抗腐蚀性能方面已有很多学者进行了大量的研究工作，但关于降低铁及其合金的抗腐蚀性能、提高其腐蚀降解速度的工作却少有报道。目前提高铁的降解速率的主要途径如下。

（1）在溶解度范围内添加活泼金属材料使其更易腐蚀。

（2）添加惰性金属或其他材料，产生小而均匀分散的起阴极作用的金属间化合物相，加速电偶腐蚀。

（3）改变铁的组织结构，在提高降解速率的同时，铁基材料也应保证足够的力学性能以提供支架的支撑力，且材料力学性能越好，支架壁越薄，质量越小，则降解时间缩短，降解产物减少，对人体的毒性也越小。

目前可降解铁基金属存在的最大问题是降解速率以及降解产物吸收均过慢的问题（需要从材料、器械结构设计等方面进行改进），同时还与临床应用适应证的可接受降解周期有关。因而随着材料技术的进步，对可降解铁基金属植入器械设计不断改进，其有望在未来真正进入临床应用，为患者带来福音。

三、生物可降解锌基金属

锌（Zn）是一种银白色略带淡蓝色的金属，密度为7.14gcm^3，为密排六方结构，熔点为419.5℃。Zn的化学活性介于Mg和Fe之间，因此可以推测Zn的降解速率慢于Mg而快于Fe。

1. 生物可降解锌基合金的生理学优势 首先，Zn作为人体必备的微量元素之一，几乎参与了人体所有的新陈代谢过程，作为多种酶的组成元素，Zn对人的生长发育、神经系统、代谢系统，甚至DNA调节都有巨大的作用。Zn是调节DNA复制、转译过程和转录DNA聚合酶的必要组成部分。Zn强大的生物相容性及其对人体生理活动的重要参与是我们选择其作为生物可降解材料的重要原因。

2. 生物可降解锌基合金的机械性能优势 锌基合金的力学性能在锌合金的基础上进行改进后可以明显满足机械性能的需求，而且在防腐蚀方面会有更出色的表现。纯Zn本身的力学强度无法达到可降解生物医用合金材料的要求，因此纯Zn很难直接作为可降解生物医用材料，而合金化则可以明显完善其缺点。

3. 生物可降解锌基合金的机械性能优势 锌基合金可以满足生物可降解材料耐腐蚀性能的设计要求。Zn的标准电极电位为－0.76V，介于Mg（－2.37V）和Fe（－0.44V）之间，可以为植入材料提供适宜的腐蚀速率。锌基合金的降解速率符合生理组织的修复速率，基合金的腐蚀速率介于镁合金和铁合金之间，这也是锌基合金可以充当生物可降解材料的优势之一。参考镁合金和铁合金的腐蚀模型对锌基合金的腐蚀机制进行研究，镁合金的生理环境腐蚀原理模型由学者郑玉峰提出，同理 Zn 的腐蚀机制与 Mg 的腐蚀机制存在异曲同工之妙，通过总结多个实验结构，Zn 在生理环境中的腐蚀机制大致如下所示。

$$Zn \longrightarrow Zn^{2+} + 2e^-$$

$$O_2 + 4H_2O + 4e^- \longrightarrow 4OH^-$$

Zn 在血液环境中的腐蚀产物主要由 ZnO、$ZnCO_3$ 和少量的非晶钙磷复合物组成。在 20 个月的长期观察中，Zn 丝保持持续的线性降解行为，20 个月后的剩余截面积约为原 Zn 丝的 40%，平均降解速率约为 25mm/a。

纯 Zn（99.97%）的力学性能较差，抗压强度小于 20MPa，延伸率只能达到 0.2%，远远达不到临床应用的要求。为了提高 Zn 的力学性能，合金化和适当的冷热加工处理是常见且有效的手段。与 Mg 的合金化一样，出于生物相容性方面的考虑，Zn 的合金化元素选择要在提高 Zn 的力学性能的同时，也要保证锌基合金的生物安全性，目前锌合金中的合金化元素主要有 Mg、Ca、S、Li、Cu 等。

第三节 抗菌医用金属材料

植入材料或医疗器械相关的细菌感染是临床中一种常见的灾难性的术后并发症，已成为 21 世纪医学领域中亟待解决的重要临床问题之一。据报道，美国骨科植入物相关感染的年发病率约为 4.3%。全世界每天遭受院内感染的患者中，有 60% 的病例与医疗器械的使用有关。在医疗过程中或植入物使用过程中，材料很难避免完全不与细菌接触。细菌一旦在材料表面生长并繁殖形成细菌生物膜，就很有可能引起细菌感染类疾病，人类细菌感染有 80% 都是由细菌生物膜引起的。

细菌的传播与细菌生物膜的形成密切相关，细菌生物膜的形成过程如图 2－5 所示。浮游细菌在材料基体着陆后生长和繁殖，形成细菌生物膜。生物膜表面是一层致密的细胞外基质，这层细胞外基质结构坚固，强度高，内部包裹的细胞接触紧密，增强了细菌之间的相互作用和物质交换，同时避免外部破坏物质进入，所以生物膜形成后不易受到抗生素、防腐剂及其他外界化学品的干扰，因此很难被常用的抗生素清除掉。

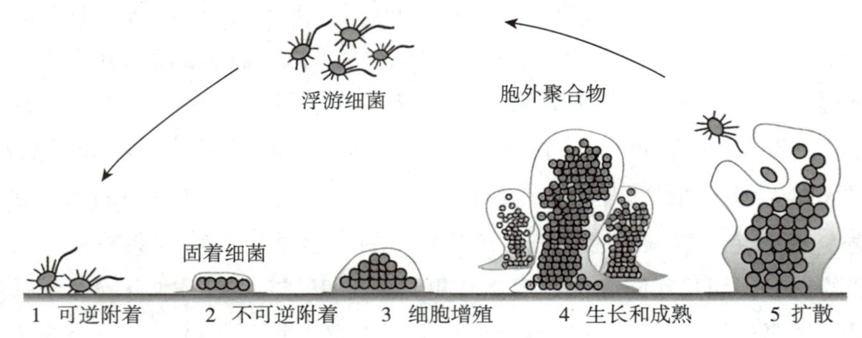

图 2－5 细菌生物膜的形成过程

但是抗菌金属的抗菌机制与药物不同，其抗菌机制可以分为两部分，首先是抑制细菌黏附，其次是释放的抗菌金属离子杀灭浮游细菌。抑制细菌黏附可以从根源上避免生物膜的形成，从而大大降低细菌感染的风险。但是抗菌金属抑制细菌黏附的机制尚未十分明确，普遍认为是抗菌金属表面的抗菌金属离子浓度最高，当细菌与抗菌金属表面接触时被杀死。研究发现，抗菌金属的抗菌机制可以分为以下四步：①抗菌金属表面释放具有抗菌功能的金属离子；②带负电荷的细菌细胞与带正电的金属离子之间相互吸引，金属离子被吸收进细菌的细胞壁；③金属离子破坏细菌的细胞壁和细胞膜，或破坏其蛋白质结构，使细胞质泄漏；④金属离子进一步穿透细菌的细胞壁，与细菌的 DNA 结合，导致细菌变性和复制能力的丧失。不论是破坏细胞壁，还是破坏遗传物质，都会导致细菌死亡。

一、抗菌不锈钢

抗菌不锈钢主要成分是银（Ag）系和铜（Cu）系两类，由于不锈钢的广泛应用，这两类抗菌不锈钢的开发与应用均受到人们的关注。

（一）含银抗菌不锈钢

1. 含银抗菌不锈钢性质及杀菌机制 Ag 在钢中的固溶度很低。通过试验测得 1150℃下 Ag 在钢中的固溶度约为 0.011%，在 1100℃时约为 0.007%。但是在不锈钢中加入很少量的 Ag 就可以获得很强的抗菌性能。

在安全性方面，与同样具备杀菌能力的金属相比，Ag 的杀菌能力是最强的，Ag 可以在杀菌的过程中对不同的菌群进行识别，从而维持人体内的正常菌群，在杀死危险细菌的同时，还不会对人的免疫系统造成损害，所以 Ag 虽是一种重金属离子，但是却对人体无害，为人类抗菌不锈钢的研发提供了新的途径。

在抗菌性方面，含 Ag 抗菌不锈钢中 Ag、AgO 等微粒在材料中均匀分散，研磨处理后，仍有足够数量的 Ag 离子从新生成的材料表面析出，以确保材料的抗菌性，且加入 Ag 后，仍可维持较好的耐蚀性及力学性能。Ag 离子抗菌剂作用机制目前普遍认为 Ag 离子对细菌中的蛋白酶有很强的吸附作用，并且与其结合，会让蛋白酶失去活性，从而失去增殖能力，最终造成细菌死亡。而且细菌死亡后，Ag 离子会被释放，和其他的细菌结合，从而达到持续杀菌的目的。当纳米 Ag 离子在有纤维介入的情况下，可与纤维形成氢键，对细菌的细胞膜造成损失，使细胞塌陷，从而起到抗菌效果，然而，在实际操作中，由于难以实现对微量 Ag 离子的准确调控，导致部分检测设备不完备的不锈钢企业难以检测出产品中的微量银离子浓度。目前含 Ag 抗菌不锈钢的制备大多采用熔炼中直接添加纯 Ag 的方式，主要适用于医用植入材料、外科手术器械等，以及院内公共设施和污水或水处理净化处理设施、化工设施等。

2. 含银抗菌不锈钢的现存问题 在理论上，Ag 的化学性质活泼，在光照下极易硫化和生成钝化膜，使抗菌性能降低，从而限制了含 Ag 抗菌不锈钢的广泛使用。含 Ag 抗菌材料还面临着 Ag 与金属晶体结构差异大，Ag 难以溶解于基质中，进而引起晶界偏聚和分布不均匀。

在实际生产中，Ag 离子掺入量难以准确控制，这使得部分检测设备不健全的不锈钢制造企业很难对其产品进行检测；Ag 的氧化价分为一价和二价，Ag 具有最好的氧化杀菌作用，但其稳定性很差，很容易被还原为一价银，所以，Ag 的生成和溶解在生产过程中是很困难的，而且高纯 Ag 的添加导致了成本的增加。

此外，含 Ag 的合金型抗菌金属材料制备工艺简单、无需热处理，但是加 Ag 后制品易变色，影响美观。综上，提高 Ag 在钢中的溶解度及弥散程度来提高抗菌效果是含 Ag 抗菌不锈钢的研究重点。

（二）含铜抗菌不锈钢

1. 含铜抗菌不锈钢性质及杀菌机制 单一的抗菌元素不能抑制实际生活中存在的各种各样的细菌。有研究表明，Cu 对大肠埃希菌的抗菌能力低于对金黄色葡萄球菌的抗菌能力，所以仅含有一种抗菌元素不能够使抗菌不锈钢具有广谱的抗菌能力。学者敬和民在奥氏体不锈钢中，采用银铜合金作为中间合金，制得了 Ag 含量为 0.037% ~0.35%（质量分数）的含银铜抗菌不锈钢。这种钢对啤酒酵母菌、白念珠菌、金黄色葡萄球菌、大肠埃希菌等都能有效地灭杀，其中对大肠埃希菌和金黄色葡萄球菌杀菌率在 99% 以上，且其抗腐蚀性能及常温强度也没有明显降低。

含 Cu 抗菌不锈钢抗菌机制类似于单一含 Cu，以革兰阴性细胞为例。

（1）在细菌的细胞壁上会产生凹陷或孔洞，而 Cu 离子则会透过细菌的外膜，并与带有负电荷的脂多糖结合，从而引起细菌的通透性及一些功能的变化。

（2）Cu 离子可能会被黏附于细菌的细胞壁上，并进一步沉淀于其细胞中，从而导致其蛋白破坏，阻碍 DNA 复制功能。

（3）Cu 离子在进入细菌细胞之后，可能因为其元素亲和能力强，刺激酶活性的官能团被取代，使酶类丧失作用，造成细菌代谢异常而失活。

研究表明，Cu^{2+} 具有较好的氧化和抗菌作用，但稳定性差，容易被还原为 Cu^{+}，这导致了 Cu^{2+} 的生成及固溶难以实现。

从上述的生产成本和消耗水平等因素来看，在生产过程中加入 Cu 元素来实现不锈钢的抑菌性能是比较合理的。

2. 含铜抗菌不锈钢的现存问题 目前的研究显示，大部分含 Cu 抗菌不锈钢需要辅以长时间热处理才能获得良好的抗菌性能，这使其生产加工过程相对复杂，难以精细化控制。同时，热处理过程中析出的 ε - Cu 相的存在会促进铁素体中点蚀的发生，增加晶界处 Cr 的偏析，使晶界腐蚀严重。此外，在设计过程中为了避免不锈钢中高含量的 Ni、Mo 等有毒离子的释放，需对表面进行 HNO 钝化处理以提高耐蚀性，但钝化膜的厚度和致密性又会影响 Cu^{2+} 的释放，使抗菌性能受到抑制。因此，含 Cu 抗菌不锈钢力学性能、耐蚀性能以及抗菌性能的平衡方面仍有较大的改进空间。

二、抗菌钴基合金

纯钴基合金具有良好的耐腐蚀性能和生物相容性，特别适用与人工关节、人工骨、铸造牙冠等植入材料。为了降低钴基合金在使用过程中细菌感染带来的风险，人们还开发出含铜抗菌钴基合金。

中国科学院金属研究所开发出一种含铜抗菌钴基合金 L605 - Cu97，抗菌性能检测结果表明，这种含铜抗菌钴基合金对大肠埃希菌和金黄色葡萄球菌的抗菌率均超过 90%。将这种含铜钴基合金与金黄色葡萄球菌共培养，然后使用扫描电镜观察样品表面上的细菌形貌，根细菌数量的对比可以得出L605 - Cu97 合金可抑制细菌生物膜的形成。

另外，有学者对含铜钴基合金的抗菌能力进行了实验并分析，得出了以下结论。

（1）含铜 CoCrMo 合金具有良好的抗菌性，对大肠埃希菌和金黄色葡萄球菌均具有明显的杀灭效果，且具有良好的抗菌持久性。

（2）含铜 CoCrMo 合金的杀菌率与细菌浓度有关，随着细菌浓度的升高，其抗菌性能不断下降，对 10^{6}CFU/ml 以下浓度的大肠埃希菌表现出良好的杀菌效果。

（3）含铜 CoCrMo 合金由于具有强烈的杀菌作用，有效地减少了黏附在其表面的细菌数量，从而抑制了细菌生物膜的形成。

（4）铜的加入并未对含铜 CoCrMo 合金的耐点蚀性能产生明显影响，含铜钴基合金仍然保持着较好的耐点蚀性能。

（5）含铜 CoCrMo 合金的使用对人体是安全的。

三、抗菌钛合金

钛（Ti）及其合金具有低密度、高强度、优异耐腐蚀性等特点，最初应用于航空工业。20 世纪 40 年代初，钛及其合金首次被引入医学领域。经过半个多世纪的发展，纯钛和 Ti6Al4V 合金作为最具代表性的钛基医用金属材料，在许多医学临床中得到应用，特别是在骨科和口腔科领域中大量替代不锈钢和钴基合金。然而钛合金是一类生物惰性材料，自身没有抗菌性能，对植入物引发的感染问题无能为力。目前通常采用磁控溅射、电化学沉积、离子注入、微弧氧化等方法在医用钛合金表面加载无机或有机抗菌剂，从而赋予其抗菌性能。通过表面改性制备的抗菌涂层的优点显而易见，但仍存在不足，如涂层工艺相对复杂、生产成本增加、涂层与基体之间的结合性差、涂层易磨损、长期的抗菌性能较差等。针对植入钛合金引发的感染问题和抗菌涂层的不足，人们开始尝试通过调整合金成分来开发自身具有抗菌功能的新型抗菌钛合金。

中国科学院金属研究所以临床上需求的抗感染为目的，在纯钛和 Ti_6A1_4V 合金中分别加入适量抗菌铜元素，首次发展出具有抗菌功能的含铜医用钛合金，对其开展了较为全面的研究。Cu 在 Ti 中的固溶度很低，在冷却至 790℃时，过饱和的 Cu 以 TiCu 相析出，其与基体之间存在的电位差会在生理环境中持续释放出微量铜离子，起到杀死细菌的作用。

1. Ti－Ag 合金　银（Ag）作为合金化元素，可改善钛基金属的耐腐蚀性能和力学性能。研究发现，添加 20wt% Ag 可以提高铸造钛合金的强度和耐磨性，同时保持较高的延伸率。且 Ti－Ag 合金具有比纯钛更优的耐腐蚀性能。Ag 还具有良好的生物相容性，Ag－Hg 合金已被用作牙科材料。含 Ag 涂层具有优异的抗菌性能已被很多研究所证实，因此，在钛及其合金中添加合适的 Ag，有可能获得具有一定抗菌性能的含 Ag 钛合金。然而，即使有些 Ti－Ag 合金中的 Ag 含量非常高，甚至达到 20wt%，但其并没有显示出显著的抗菌作用，说明含 Ag 钛合金的抗菌作用并不只由 Ag 含量这一因素所决定。有学者通过实验得出，Ti－Ag 合金的抗菌性能应与基体上存在的纳米/微米级符合阴离子密切相关，随后的研究证实了这一点。

2. Ti－Cu 合金　2009 年，国外学者首次研究了 Ti－xCu（x＝1.5）合金的抗菌作用，结果表明，Ti－10Cu 对大肠埃希菌（E. coli）具有显著的抗菌性能，并具有良好的生物安全性。随后，他们采用粉末冶金方法制备出 Ti－10wt% Cu 合金，并对合金的抗菌性能、力学性能和腐蚀性能进行了研究，实验得出，Ti－10Cu 合金对金黄色葡萄球菌和大肠埃希菌均具有显著的杀灭作用。Ti－10Cu 合金的骨内植入试验结果表明，Ti－10Cu 合金具有良好的骨细胞相容性。进一步研究结果表明，在钛中至少加入 5% 的 Cu 才会有明显的抗菌作用。以抗菌抗感染为目的，中国科学院金属研究所开发出系列具有抗菌功能的含铜钛合金，并开展了大量的体外及动物体内试验研究。Cu 在 Ti 中的固溶度很低，从高温冷却至 790℃时，过饱和的 Cu 以 Ti_2Cu 金属间化合物析出，其与其基体之间存在的电位差会促进合金释放微量的铜离子，从而起到强烈的杀菌作用。

3. Ti_6Al_4V－Cu 抗菌合金　有学者对 Ti6Al4V－5Cu 合金的抗菌性能进行了研究，发现其对金黄色葡萄球菌的抗菌率达 98.6%。实验得到的结果为 Ti6Al4V－5Cu 合金的抗菌作用随时间延长逐渐增强，并在 24 小时达到峰值。

还有学者对热加工后的 Ti6Al4V－xCu（x＝4.5，6，7.5）合金进行了综合性能优化。研究表明，对于 Ti6Al4V－xCu 合金，Cu 含量应不高于 6%，否则在较长时间后镁合金会呈现出一定的细胞毒性。

第四节　医用磁兼容合金

MRI是一种非损伤式检测。通过改变检测参数，MRI能获得多断面、多角度、全方位的大量病变信息。MRI对各种组织病变特征敏感性高，是当前医学研究与应用领域中不可缺少的影像诊断方法。

MRI通过三种不同强度和不同梯度的电磁场产生检测组织的断层图像，分别为：磁场 B_0、梯度磁场G和射频脉冲 B_1。三种电磁场对金属植入体的影响程度不一，具体表现如下。

主磁场 B_0 带来的金属植入体的移位风险（ASTMF2213－2006，ASTM F2052－2015）和射频脉冲 B_1 诱导植入体发热（ASTMF2812－11a）。

伪影（artifact）是指扫描图像上出现的不属于原本扫描对象的影像，一般大于植入体的实际形状。MRI下伪影的大小与植入体的磁性、形状息息相关。与此同时，植入体与 B_1 的相对方向、采用的扫描序列、成像位置、金属植入体植入部位等也会对扫描伪影产生较大影响。伪影的存在可能会影响观察部位成像，不锈钢的伪影远大于纯Ti，进而影响对疾病的诊断。

磁化率（susceptibility，x）对产生伪影有严重影响，由磁化率引起的金属植入体的伪影称为磁化率伪影（magnetic susceptibility artifact，MSA）。

金属按照磁化率大致可分为抗磁性材料、顺磁性材料、铁磁性材料等。但是目前临床常用的医用金属均为顺磁性材料，具有较高的磁化率，医用金属材料远高于高分子材料与陶瓷材料的优良力学性使其仍在大量应用，因此开发MRI磁性兼容合金是亟待解决的问题和发展趋势。

为了降低金属伪影，目前的研究主要集中在开发低磁化率金属材料，包括锆基合金、铌基合金及钯基合金等，其潜在的应用方向包括心血管支架、齿科及其他医疗器械等。

一、锆基磁兼容合金

锆是一种具有生物相容性的无毒金属。与目前使用的其他生物相容性金属材料相比，锆基金属材料除了具有良好的力学性能和优异的耐腐蚀性外，在骨科和牙科植入体应用方面还具有两种独特的性能：①在人体环境中形成内在类似骨的中间层；②磁化率非常低。第二个特性对于核磁共振成像（MRI）尤为重要。

Zr与T处于元素周期表同族，性质相似。Zr与T一样，都是自钝化金属；能自发形成2～5nm厚的钝化膜，具有优异的耐蚀性与生物相容性。目前常规可用于MRI的器械主要采用Ti合金制成，但Ti的体积磁化率也高达 200×10^{-6}，产生的伪影仍然很明显。与纯T及T合金相比，Zr的磁化率较低，其在MRI环境中的应用具有优势。可以通过适当的合金化，如加入Nb、Mo、Ag等元素，进一步降低Zr合金的磁化率，使其更适合MRI应用。

但Zr本身是一种顺磁性较强的元素，合金化并不能完全消除其伪影，抗磁性Ag的添加也具有较严重的伪影。如何通过调节合金元素和相组成，在力学性能与低磁化率之间取得平衡，应该是未来磁兼容Zr基合金研究发展的一个重要方向。

二、铌基磁兼容合金

铌具有良好的抗生理腐蚀性和生物相容性，不会与人体里的各种液体物质发生作用，并且几乎不会损伤生物的机体组织，对于任何杀菌方法都能适应，因而常被用于制造接骨板、颅骨板骨螺钉、种植牙根、外科手术用具等。

不同的铌产品在不同应用领域所起的作用见表 2-5。Nb 的磁化率与 Ti 合金接近，远低于应用于血管支架的 316L 不锈钢、L605 钴基合金以及镍钛合金等材料。Nb 的晶体结构为体心立方结构，具有较好的力学性能、良好的耐蚀性与生物相容性。在 MRI 测试中，Nb 合金的伪影要明显小于 316L 不锈钢与 L605 合金。因此，Nb 合金在血管支架领域中具有潜在的应用前景。

表 2-5 铌产品在不同应用领域所起的作用

铌产品	应用领域	性质及主要作用
铌铁	石油和天然气管道，汽车和卡车车身、建筑材料、工具钢、船舶、铁轨	增加钢的强度和韧性，减轻钢的重量
氧化铌	铌酸锂可应用到声波过滤器 相机镜头、计算机屏幕，陶瓷电容器	高折射率、高介电常数、增加透光率
碳化铌	切削工具	高介电常数、稳定氧化物介质
铌粉	应用在电路板中的铌电容器	钆喷介电常数、稳定氧化介质
铌钛合金 铌锡合金	超导磁线圈、磁悬浮运输系统、粒子实验	电阻合金线的下降率几乎为零或低于液态氮温度（-268.8℃）
铌锆合金	钠汽灯具 化学反应设备	耐腐蚀，抗脆化
真空铌铁和镍	涡轮叶片喷气发动机，路基涡轮机	耐高温，耐腐蚀，抗氧化，提高抗蠕变性能，降低高温腐蚀

三、铜基磁兼容合金

Cu 是人类应用制造工具的最古老的金属。Cu 合金中的青铜（Cu-Sn）、黄铜（Cu-Zn）等至今仍在生活中广泛使用。在常规金属中，Cu 的磁化率与水最接近，已有的试验结果也都证明纯 Cu 在 MRI 下基本上无伪影。将 Cu 合金（Cu >90%）支架植入动物的肾动脉内，其在 1.5T 磁场的 MRI 下能够看出清晰的支架轮廓和支架筋。

考虑到 Cu 及其合金的生物学毒性问题，其作为长期植入物还需开展大量研究。力学性能优异和耐腐蚀性能良好的 Cu 合金在短期植入方面，如 MR 引导的介入手术方面有一定的应用前景。MRI 导引的定位活检具有优异的软组织对比度无辐射，能够发现隐藏病灶的特点，是一种安全可靠的检测方法，因而越来越受到重视。其是对钼靶和超声引导乳腺定位活检的重要补充，为微创手术治疗提供了又一种精确导向的方式。具有较优异综合力学性能的硅黄铜在 3T 场扫描下的伪影与纯 Cu 基本相当，可尝试采用硅黄铜开发活检针而应用于 MRI 引导介入。

四、金基磁兼容合金

Au 是最早用于临床治疗的医用金属材料之一，具有良好的加工性能和化学稳定性。目前，Au 合金在齿科中的应用较为广泛，Au 的高昂价格是影响其应用范围的重要因素。Au 是一种抗磁性金属，通过添加合金元素，Au 合金能够调节到具有与人体组织几乎一致的磁化率，具有很好的低伪影效果。齿科用 Au-Pd、Au-Pt 合金在 MRI 下基本上无伪影。对于 Au-Pt 合金，微量 Fe 元素（约 0.1%）的加入即可将 Au-Pt 合金从抗磁性转为顺磁性，对磁性的影响极大，需严格控制这样的杂质元素含量。

五、锌基磁兼容合金

Zn 是人体中的重要微量元素，成年人体内的 Zn 总量为 1.5~2.5g，其中约有一半存在于肌肉组织中，另有20%存在于骨骼中。Zn的标准电极电位为 -0.762V，现有对Zn合金的研究主要集中于其在人体环境中的可降解特性。如果考虑到Zn的体积磁化率为 -15.8×10^{-6}，Zn基合金应该是一种很好的磁兼容可降解合金体系，其同时兼具了可接受的生物相容性和基本无伪形的特征。

答案解析

一、选择题

1. 高氮无镍不锈钢的主要合金元素是（　），通过添加该元素替代镍以稳定奥氏体组织

A. 氮　　B. 碳

C. 锰　　D. 铬

2. 以下属于高氮无镍不锈钢显著优势的是（　）

A. 降低耐腐蚀性　　B. 提高强度和生物相容性

C. 增加磁性　　D. 减少加工难度

3. 生物可降解金属是指（　）

A. 在生物体内不能发生化学变化的金属

B. 在生物体内或体外，通过生物作用或化学作用能够逐渐降解的金属

C. 只能在体外通过化学作用降解的金属

D. 不能被人体吸收的金属

二、思考题

1. 简述高氮无镍不锈钢中的合金元素的作用，并说说高氮无镍不锈钢热处理的影响。
2. 简述生物可降解金属的降解速度如何影响临床应用。

书网融合……

本章小结

第三章　医用金属材料测试方法

学习目标

1. **掌握**　医用金属材料的金属硬度检测方法和金属元素检测方法。
2. **熟悉**　金属金相检验方法和金属疲劳试验方法。
3. **了解**　金属材料的耐腐蚀性测试方法和金属材料的表面缺陷测试方法。
4. 学会用所学知识判别医用金属材料测试方法的区别；进行金属硬度检测和金属元素检测。
5. 具备阅读与分析医用金属材料相关标准的能力。

实例分析

实例　某三甲医院心血管介入中心为一位马拉松运动员实施了急诊手术。患者因长期高强度训练导致冠状动脉严重狭窄，术中医生通过微创介入技术，将一枚微型网状金属支架植入其病变血管。术后不久，这名运动员不仅重返训练场，还在比赛中刷新了个人最佳成绩。

问题　针对此类植入式医疗器械，金属材料需通过哪些关键性能测试？

第一节　金属硬度检测

金属硬度检测是评价金属力学性能最迅速、最经济、最简单的一种试验方法。硬度检测的主要目的就是测定材料的适用性，或材料为使用目的所进行的特殊硬化或软化处理的效果。

硬度是评价金属材料力学性能，衡量材料软硬的常用指标，代表材料抵抗局部变形的能力，广泛用于金属材料性能检测、工艺质量监督和新材料研发。硬度试验简单，不会破坏工件，常用于成品工件检测及机械装备和零部件现场试验。硬度检测一般分为静态试验法和动态试验法，常用的洛氏硬度、布氏硬度和维氏硬度、努氏硬度、韦氏硬度及巴氏硬度等均属于静态试验法：肖氏硬度和里氏硬度属于动态试验法，试验力为动态、有冲击性。

一、静态试验方法

静态试验方法中试验力的施加是缓慢而无冲击的，方法包括布氏、洛氏、维氏、努氏、韦氏、巴氏等。其中布氏、洛氏、维氏三种试验方法是应用最广的，它们是金属硬度检测的主要试验方法。

下面介绍几种常用的硬度指标：布氏硬度、洛氏硬度和维氏硬度。

（一）布氏硬度

布氏硬度的工作原理是对一定直径 D 的碳化钨合金球施加试验力 F 压入试样表面，经规定保持时间后，卸除试验力，测量试样表面压痕的直径 d（图 3－1）。布氏硬度与试验力除以压痕表面积的商成正比。压痕被看作卸载后具有一定半径的球形，压痕的表面积通过压痕的平均直径和压头直径按照表3－1的公式计算得到。

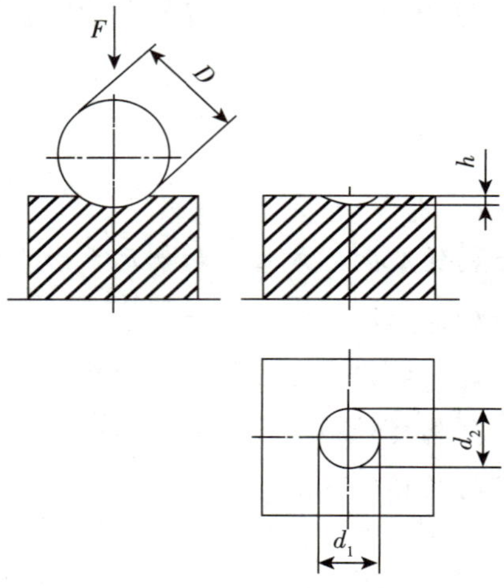

图3－1　试验原理

表3－1　符号及说明

符号	说明	单位
D	球直径	mm
F	试验力	N
d	压痕平均直径，$d=\frac{d_1+d_2}{2}$	mm
d_1，d_2	在两相互垂直方向测量的压痕直径	mm
h	压痕深度，$k=\frac{D-\sqrt{D^2-d^2}}{2}$	mm
HBW	布氏硬度＝常数×$\frac{\text{试验力}}{\text{压痕面积}}$ $\text{HBW}=0.102\frac{2F}{\pi D(D-\sqrt{D^2-d^2})}$	
$0.102\times F/D^2$	试验力－球直径平方的比率	N/mm^2

注：常数＝$0.102\approx\frac{1}{9.80665}$，9.806 65是从kgf到N的转换因子，单位为秒每平方米。

布氏硬度执行的检测标准主要有GB/T 231.1—2018。布氏硬度表示方法是将硬度值置于HBW前，符号后面依次为球体直径、试验力及力保载时间（保载时间10～15秒不标注）。布氏硬度HBW表达方法示例如图3－2所示。

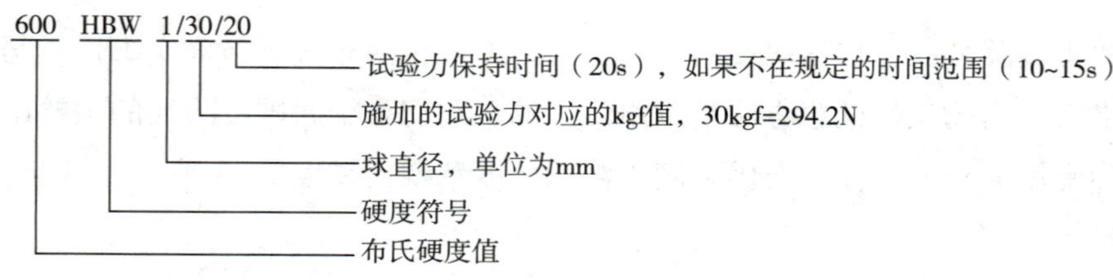

图3－2　HBW表达方法示例

布氏硬度试验的优点是压痕面积大，排除成分不均匀和个别相的影响，能反映较大范围内金属各组成相综合影响的平均值，它的试验数据稳定，重现性好，精度高于洛氏，低于维氏。布氏硬度试验缺点是压头本身变形导致不能测硬度太大的材料，最大可测值约为650HB；其次，布氏硬度压痕较大，检验成品有困难，试验过程比洛氏硬度试验复杂。布氏硬度尤其适用于测定灰铸铁、轴承合金和有粗大晶粒的金属材料，不宜测太硬、太小、太薄试样。实验室检测最小样品尺寸为50mm×50mm×15mm。

（二）洛氏硬度

洛氏硬度的试验原理是将特定尺寸、形状和材料的压头按照规定分两级试验力压入试样表面，初试验力加载后，测量初始压痕深度。随后施加主试验力，在卸除主试验力后保持初试验力时测量最终压痕深度，洛氏硬度根据最终压痕深度和初始压痕深度的差值 h 及常数 N 和 S（图3－3，表3－2至表3－4）通过公式计算给出：

$$洛氏硬度 = N - \frac{h}{S}$$

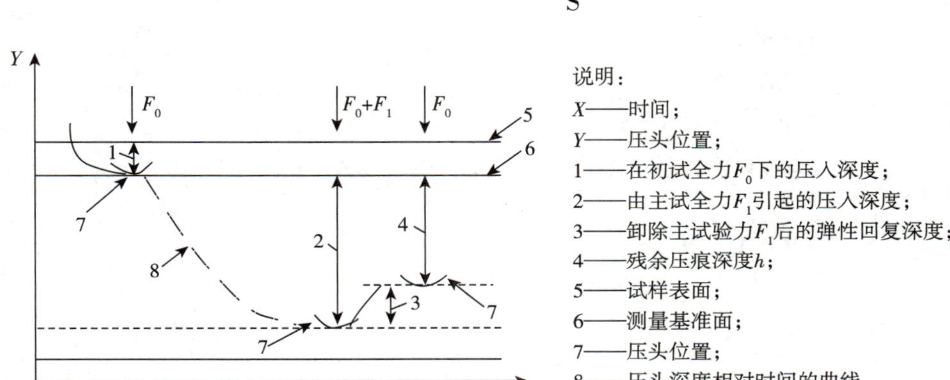

图3－3　洛氏硬度试验原理图

表3－2　洛氏硬度标尺

洛氏硬度标尺	硬度符号单位	压头类型	初试验力 F_0	总试验力 F	标尺常数 S	全量程常数 N	适用范围
A	HRA	金刚石圆锥	98.07N	588.4N	0.002mm	100	20～95HRA
B	HRBW	直径1.5875mm球	98.07N	980.7N	0.002mm	130	10～100HRBW
C	HRC	金刚石圆锥	98.07N	1.471kN	0.002mm	100	20～70HRC
D	HRD	金刚石圆锥	98.07N	980.7N	0.002mm	100	40～77HRD
E	HREW	直径3.175mm球	98.07N	980.7N	0.002mm	130	70～100HREW
F	HRFW	直径1.5875mm球	98.07N	588.4N	0.002mm	130	60～100HRFW
G	HRGW	直径1.5875mm球	98.07N	1.471kN	0.002mm	130	30～94HRGW
H	HRHW	直径3.175mm球	98.07N	588.4N	0.002mm	130	80～100HRHW
K	HRKW	直径3.175mm球	98.07NP	1.471kN	0.002mm	130	40～100HRKW

注：当金刚石圆锥表面和顶端球面经过抛光，且抛光至沿金刚石圆锥轴向距离尖端至少0.4mm，试验适用范围可延伸至10HRC。

表 3－3 表面洛氏硬度标尺

表面洛氏硬度标尺	硬度符号单位	压头类型	初试验力 F_0	总试验力 F	标尺常数 S	全量程常数 N	适用范围（表面洛氏硬度标尺）
15N	HR15N	金刚石圆锥	29.42N	147.1N	0.001mm	100	70～94HR15N
30N	HR30N	金刚石圆锥	29.42N	294.2N	0.001mm	100	42～86HR30N
45N	HR45N	金刚石圆锥	29.42N	441.3N	0.001mm	100	2～77HR45N
15T	HR15TW	直径 1.5875mm 球	29.42N	147.1N	0.001mm	100	67～93HR15TW
30T	HR30TW	直径 1.5875mm 球	29.42N	294.2N	0.001mm	100	29～82HR30TW
45T	HR45TW	直径 1.5875mm 球	29.42N	441.3N	0.001mm	100	10～72HR45TW

表 3－4 符号及缩写术语

符号/缩写术语	说明	单位
F_0	初试验力	N
F_1	主试验力（总试验力减去初试验力）	N
F	总试验力	N
S	给定标尺的标尺常数	mm
N	给定标尺的全量程常数	—
h	卸除主试验力，在初试验力下压痕残留的深度（残余压痕深度）	mm
HRA HRC HRD	洛氏硬度 $=100-\frac{k}{0.002}$	
HRBW HREW HRFW HRGW HRHW HRKW	洛氏硬度 $=130-\frac{k}{0.002}$	
HRN HRTW	表面洛氏硬度 $=100-\frac{k}{0.001}$	

洛氏硬度检测标准主要有 GB/T 230.1—2018。洛氏硬度的表示方法：A、C 和 D 压头为金刚石椎体，洛氏硬度用硬度值、符号和标尺字母表示。洛氏硬度的表示方法如图 3－4 所示。

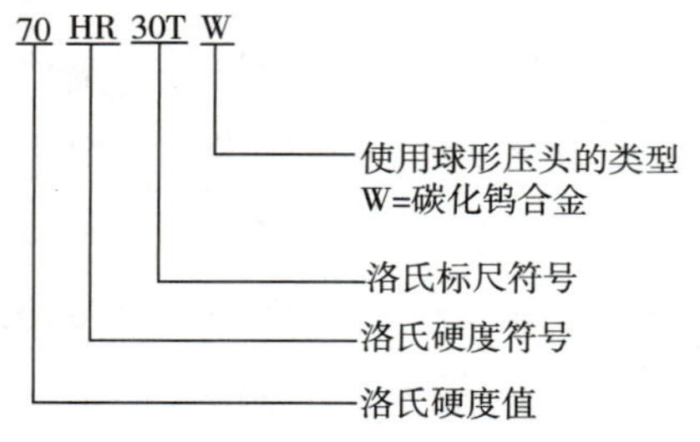

图 3－4 洛氏硬度表示方法

注 1：GB/T 230 的以前版本允许使用钢球压头，并加后缀 S 表示

注 2：HR30TSm 和 HR15TSm 在附录 A 进行了定义，使用大写 S 和小写 m 来表明使用钢球压头和金刚石试样支撑台

洛氏硬度检测操作简单，直接读数，效率高，通过变换标尺可以测较硬材料，压痕小，可用于检测成品。缺点是由于压痕小，代表性差，受成分不均匀和偏析影响数值不稳定，也不能测量极薄工件和镀层等。不同洛氏硬度标尺无内在联系，不能直接对比。

（三）维氏硬度

维氏硬度的原理是将顶部两相对面具有规定角度的正四棱锥金刚石压头用一定的试验力压入试样表面，保持一段时间后，卸除试验力，测量试样表面压痕对角线长度如图 3－5 和表 3－5 所示。

维氏硬度值是试验力除以压痕表面积所得的商，压痕被视为具有正方形基面并与压头角度相同的理想形状（注：正四棱锥压头的顶点与基底的中心对齐）。

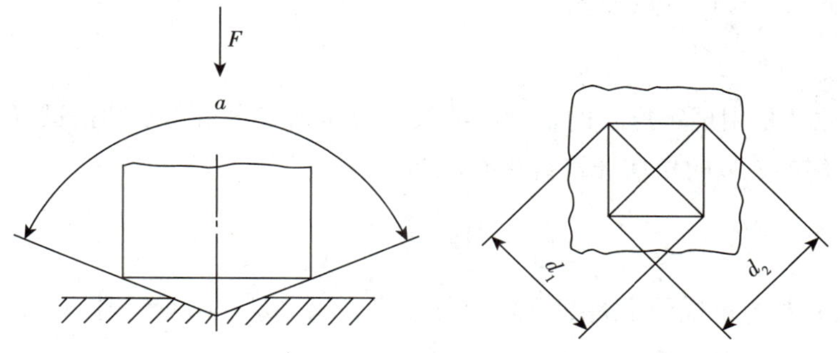

图 3－5　试验原理（压头的几何形状和维氏压痕）

表 3－5　符合及说明

符号	说明	单位
d	两压痕对角线长度d_1和d_2的算术平均值	mm
F	试验力	N
HV	维氏硬度 $=\dfrac{\text{试验力（kgf）}}{\text{压痕表面积（mm}^2\text{）}}$ $=\dfrac{1}{g_n}\times\dfrac{\text{试验力（N）}}{\text{压痕表面积（mm}^2\text{）}}$ $=\dfrac{1}{g_n}\times\dfrac{F}{d^2/\left(2\sin\frac{\alpha}{2}\right)}=\dfrac{1}{g_n}\times\dfrac{2F\sin\frac{\alpha}{2}}{d^2}$ 其中 α 取公称 136°时，维氏硬度≈$0.1891\times\dfrac{F}{d^2}$	
α	金刚石压头顶部两相对面平均夹角（公称 136°）	（°）
为了减小不确定度，维氏硬度计算可用压头的实际平均压头角度 α		

注：标准重力加速度$g_n=9.80665\text{m/s}^2$，为从 kgf 转换成 N 的转换因子。

维氏硬度检测标准主要有 GB/T 4340.1—2024。维氏硬度的表示方法是将硬度值置于 HV 前，符号后面依次为试验力及力保载时间，保载时间为 10～15 秒时不标注。维氏硬度 HV 如图 3－6 所示。

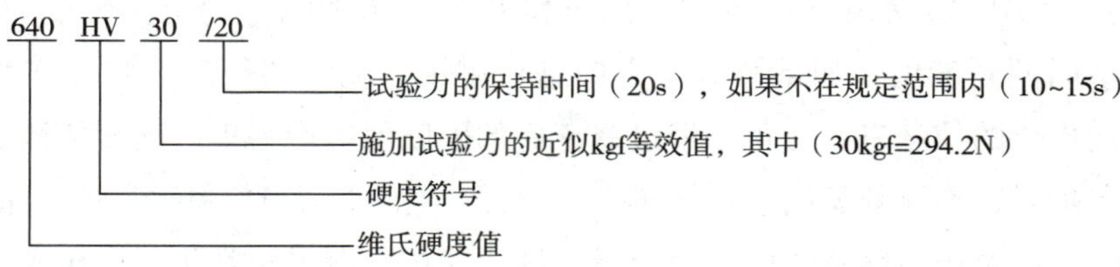

图 3－6　维氏硬度表示方法

维氏硬度压头为正四棱锥体，试验力变化，压入角度不变，所以维氏硬度试验力可选择范围大，从几个维氏硬度到3000个维氏硬度单位，压痕较清晰，对角线测量更准确。不仅可以测量材料的硬度，还可以用显微硬度测合金某一相的硬度。维氏硬度对样品要求较高，制备样品时应尽量减少过热及冷加工对表面硬度的影响，建议表面粗糙度不大于0.20μm，表面抛光处理，试验效率较低。维氏硬度适用于金属及塑料、橡胶、玻璃、陶瓷等非金属材料、表面镀层或者渗层，以及较薄工件的硬度检测。

二、动态试验方法

动态试验法中试验力的施加是动态的和冲击性的。这里包括肖氏和里氏硬度试验法。动态试验法主要用于大型的，不可移动工件的硬度检测。

（一）肖氏硬度

肖氏硬度的试验原理是用规定形状的金刚石冲头从规定高度自由落下冲击试样表面，以冲头第一次回跳高度 h 与冲头落下高度 h_0 的比值计算肖氏硬度值。

$$HS = K\frac{h}{h_0} \tag{3-1}$$

式中，HS为肖氏硬度；K 为肖氏硬度系数（C型仪器 $K=10^4/65$，D型仪器 $K=140$）；h 为冲头第一次回跳高度，mm；h_0 为冲头落下高度，mm。

肖氏硬度检测标准主要有GB/T 4341.1—2014。肖氏硬度的表示方法为硬度值、符号、硬度计类型。肖氏硬度符号为HS，HS后面的符号表示硬度计类型。

示例1：25HSC表示用C型（目测型）肖氏硬度计测定的肖氏硬度值为25。

示例2：51HSD表示用D型（指示型）肖氏硬度计测定的肖氏硬度值为51。

肖氏硬度计便于携带，且压痕较浅，常用于现场测定锻件、轧辊等大型工件的硬度，但测量重复性差，测试结果受操作人员影响大，对于弹性系数相差较大的材料，数据没有对比性。

（二）里氏硬度

里氏硬度试验方法是一种动态硬度试验法，用规定质量的冲击体在弹簧力作用下以一定速度垂直冲击试样表面，以冲击体在距试样表面1mm处的回弹速度（v_R）与冲击速度（v_A）的比值来表示材料的里氏硬度。

里氏硬度HL按公式计算：

$$HL = 1000\frac{v_R}{v_A} \tag{3-2}$$

式中，v_R 为回弹速度，m/s；v_A 为冲击速度，m/s。

里氏硬度检测标准主要有GB/T 17394.1—2014。里氏硬度计分D型、DC型、G型和C型等。里氏硬度值后面是符号“HL”，符号带有一个或多个表示冲击体类型的后缀字符。里氏硬度的表示方法同肖氏硬度类似，例如：570HLD表示按重力方向使用类型D的冲击体测量的里氏硬度HL。使用不同类型的冲击体将会给出不同的硬度值。如果按其他方向进行测试，测定的硬度值将会产生偏差，这种情况下，需要根据制造商提供的信息进行修正。经过修正后的硬度值应作为里氏硬度的测量结果。

里氏硬度计为手提式，检测效率高，对被测工件表面损伤极小，适用于重型工件、空间狭小工件、磨具型腔等特殊部位，以及压力容器等的失效分析。操作简单，测量精度优于肖氏硬度。缺点是受试样厚度影响大，不宜对薄板和管材测量。

知识链接

不同硬度之间的关系

由于材料的软和硬是相对的，所以“硬度”不是一个确定的物理量。材料不同，硬度测试方法的原理也不同。各种硬度之间没有明确的物理关系，所以应尽量避免硬度之间的换算。但在工程中又不可避免地会用到各种硬度之间的换算，并且换算结果的表示应该清楚表明原始硬度值的方法。硬度之间的转换是根据大量实验数据对比得出的，各种硬度计的硬度转化曲线是不同的，材料硬度值的转换与其热处理方式有关。

常用的几种硬度换算有查表法、经验公式法及回归分析法。查表法的优点是简单方便，直接查阅即可，缺点是表中材料不完全，数据不完整、不连续，而用插值法估算，结果不准确。经验公式法的优点是简单，但大多数经验公式有平方项或高次项，计算繁琐，且很多硬度范围无法换算。回归分析法相对准确，但需要较多数据，且分析过程复杂。

第二节　金属元素检测

金属元素检测是化学分析中的一项重要技术，它涉及各种元素的定性和定量测定。在现代工业生产中，金属元素检测发挥着至关重要的作用，因为各种金属元素的存在和含量都会对产品的性能产生影响。本节将介绍金属元素检测的方法、应用和发展趋势。

一、原子吸收光谱法

原子吸收光谱（atomic absorption spectroscopy，AAS），又称原子分光光度法，是基于待测元素的基态原子蒸汽对其特征谱线的吸收，由特征谱线的特征性和谱线被减弱的程度对待测元素进行定性定量分析的一种仪器分析的方法。

（一）基本原理

原子吸收光谱法基本原理原子吸收光谱法（AAS）是利用气态原子可以吸收一定波长的光辐射，使原子中外层的电子从基态跃迁到激发态的现象而建立的。由于各种原子中电子的能级不同，将有选择性地共振吸收一定波长的辐射光，这个共振吸收波长恰好等于该原子受激发后发射光谱的波长。当光源发射的某一特征波长的光通过原子蒸气时，即入射辐射的频率等于原子中的电子由基态跃迁到较高能态（一般情况下都是第一激发态）所需要的能量频率时，原子中的外层电子将选择性地吸收其同种元素所发射的特征谱线，使入射光减弱（图3-7）。特征谱线因吸收而减弱的程度称吸光度A，在线性范围内与被测元素的含量成正比：

$$A = \mathrm{K}C \qquad (3-3)$$

式中，K为常数；C为试样浓度；K包含了所有的常数。此式就是原子吸收光谱法进行定量分析的理论基础。

由于原子能级是量子化的，因此，在所有的情况下，原子对辐射的吸收都是有选择性的。由于各元素的原子结构和外层电子的排布不同，元素从基态跃迁至第一激发态时吸收的能量不同，因而各元素的共振吸收线具有不同的特征。由此可作为元素定性的依据，而吸收辐射的强度可作为定量的依据。AAS现已成为无机元素定量分析应用最广泛的一种分析方法。该法主要适用样品中微量及痕量组分分析。

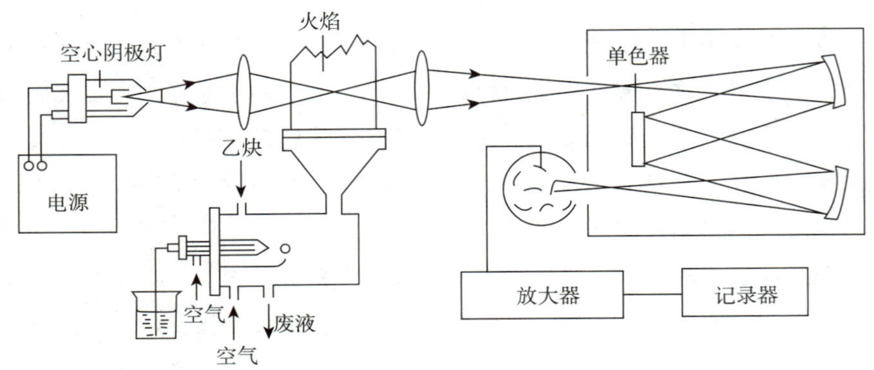

图 3-7 原子吸收光谱法基本原理

（二）谱线轮廓

原子吸收光谱线并不是严格几何意义上的线，而是占据着有限的相当窄的频率或波长范围，即有一定的宽度。原子吸收光谱的轮廓以原子吸收谱线的中心波长和半宽度来表征。中心波长由原子能级决定。半宽度是指在中心波长的地方，极大吸收系数一半处，吸收光谱线轮廓上两点之间的频率差或波长差。半宽度受到很多实验因素的影响（图 3-8）。图中 K_ν，为吸收系数；K_0 为最大吸收系数；ν_0 和 λ_0 为中心频率或波长（由原子能级决定）；$\Delta\nu$，$\Delta\lambda$ 为谱线轮廓半宽度（$K_0/2$ 处的宽度）。

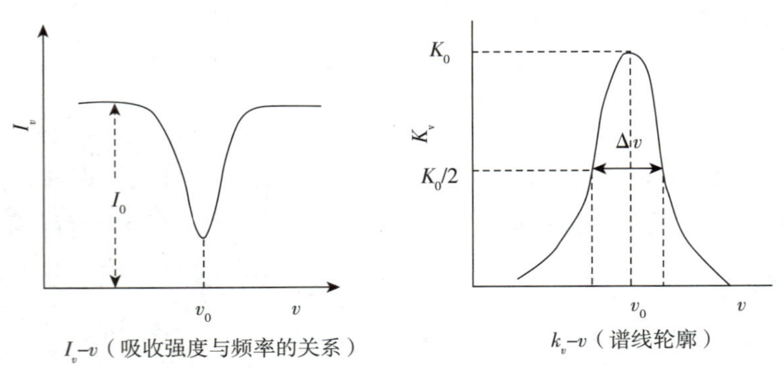

图 3-8 原子吸收光谱法谱线轮廓

影响原子吸收谱线轮廓的两个主要因素。

1. 多普勒变宽 多普勒宽度是由于原子热运动引起的。从物理学中已知，从一个运动着的原子发出的光，如果运动方向离开观测者，则在观测者看来，其频率较静止原子所发的光的频率低；反之，如原子向着观测者运动，则其频率较静止原子发出的光的频率为高，这就是多普勒效应。原子吸收分析中，对于火焰和石墨炉原子吸收池，气态原子处于无序热运动中，相对于检测器而言，各发光原子有着不同的运动分量，即使每个原子发出的光是频率相同的单色光，但检测器所接受的光则是频率略有不同的光，于是引起谱线的变宽。

2. 碰撞变宽 当原子吸收区的原子浓度足够高时，碰撞变宽是不可忽略的。因为基态原子是稳定的，其寿命可视为无限长，因此对原子吸收测定所常用的共振吸收线而言，谱线宽度仅与激发态原子的平均寿命有关，平均寿命越长，则谱线宽度越窄。原子之间相互碰撞导致激发态原子平均寿命缩短，引起谱线变宽。碰撞变宽分为两种，即赫鲁兹马克变宽和洛伦茨变宽。

（1）赫鲁兹马克变宽　是指被测元素激发态原子与基态原子相互碰撞引起的变宽，称为共振变宽，又称赫鲁兹马克变宽或压力变宽。在通常的原子吸收测定条件下，被测元素的原子蒸气压力很少超过 10^{-3}mmHg，共振变宽效应可以不予考虑，而当蒸气压力达到 0.1mmHg 时，共振变宽效应则明显地表现出来。

（2）洛伦茨变宽　是指被测元素原子与其他元素的原子相互碰撞引起的变宽，称为洛伦茨变宽。洛伦茨变宽随原子区内原子蒸气压力增大和温度升高而增大。

除上述因素外，影响谱线变宽的还有其他一些因素，例如场致变宽、自吸效应等。但在通常的原子吸收分析实验条件下，吸收线的轮廓主要受多普勒和洛伦茨变宽的影响。在 2000～3000K 的温度范围内，原子吸收线的宽度为 $10^{-3}\sim10^{-2}$nm。

（三）仪器结构

原子吸收光谱仪由光源、原子化系统、分光系统、检测系统等几部分组成（图 3－9）。通常有单光束型和双光束型两类。这种仪器光路系统结构简单，有较高的灵敏度，价格较低，便于推广，能满足日常分析工作的要求，但其最大的缺点是，不能消除光源被动所引起的基线漂移，对测定的精密度和准确度有意境的影响。

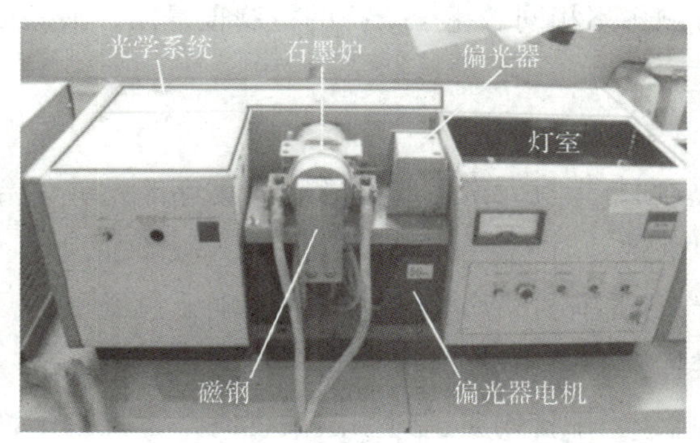

图 3－9　原子吸收光谱仪器

1. 光源　光源的功能是发射被测元素的特征共振辐射。对光源的基本要求：发射的共振辐射的半宽度要明显小于吸收线的半宽度；辐射强度大、背景低，低于特征共振辐射强度的 1%；稳定性好，30 分钟之内漂移不超过 1%；噪声小于 0.1%；使用寿命长于 5A · h。空心阴极放电灯是能满足上述各项要求的理想的锐线光源，应用最广。

2. 原子化器　其功能是提供能量，使试样干燥、蒸发和原子化。在原子吸收光谱分析中，试样中被测元素的原子化是整个分析过程的关键环节。原子化器主要有四种类型：火焰原子化器、石墨炉原子化器、氢化物发生原子化器及冷蒸气发生原子化器。实现原子化的方法，最常用的有两种。

（1）火焰原子化法　是原子光谱分析中最早使用的原子化方法，至今仍在广泛地被应用。

（2）非火焰原子化法　其中应用最广的是石墨炉电热原子化法。

3. 分光器　由入射和出射狭缝、反射镜和色散元件组成，其作用是将所需要的共振吸收线分离出来。分光器的关键部件是色散元件，商品仪器都是使用光栅。原子吸收光谱仪对分光器的分辨率要求不高，曾以能分辨开镍三线 Ni230.003、Ni231.603、Ni231.096nm 为标准，后采用 Mn279.5 和 279.8nm 代替 Ni 三线来检定分辨率。光栅放置在原子化器之后，以阻止来自原子化器内的所有不需要的辐射进入检测器。

4. 检测系统 原子吸收光谱仪中广泛使用的检测器是光电倍增管，一些仪器也采用 CCD 作为检测器。

（四）干扰效应

原子吸收光谱分析法与原子发射光谱分析法相比，尽管干扰较少并易于克服，但在实际工作中干扰效应仍然经常发生，而且有时表现得很严重，因此了解干扰效应的类型、本质及其抑制方法很重要。原子吸收光谱中的干扰效应一般可分为四类：物理干扰、化学干扰、电离干扰和光谱干扰。

1. 物理干扰及其抑制 物理干扰指试样在前处理、转移、蒸发和原子化的过程中，试样的物理性质、温度等变化而导致的吸光度的变化。物理干扰是非选择性的，对溶液中各元素的影响基本相似。

消除和抑制物理干扰常采用如下方法。

（1）配制与待测试样溶液相似组成的标准溶液，并在相同条件下进行测定。如果试样组成不详，采用标准加入法可以消除物理干扰。

（2）尽可能避免使用黏度大的硫酸、磷酸来处理试样；当试液浓度较高时，适当稀释试液也可以抑制物理干扰。

2. 化学干扰及其抑制 化学干扰是指待测元素在分析过程中与干扰元素发生化学反应，生成了更稳定的化合物，从而降低了待测元素化合物的解离及原子化效果，使测定结果偏低。这种干扰具有选择性，它对试样中各种元素的影响各不相同。化学干扰的机制很复杂，消除或抑制其化学干扰应该根据具体情况采取以下具体措置措施。

（1）加入干扰抑制剂

1）加入稀释剂：加入释放剂与干扰元素生成更稳定或更难挥发的化合物，从而使被测定元素从含有干扰元素的化合物中释放出来。

2）加入保护剂：保护剂多数是有机络合物。它与被测定元素或干扰元素形成稳定的络合物，避免待测定元素与干扰元素生成难挥发化合物。

3）加入缓冲剂：有的干扰，当干扰物质达到一定浓度时，干扰趋于稳定，这样把被测溶液和标准溶液加入同样量的干扰物质时，干扰物质对测定就不会发生影响。

（2）选择合适的原子化条件 提高原子化温度，化学干扰一般会减小，使用高温火焰或提高石墨炉原子化温度，可使难解离的化合物分解。

（3）加入基体改进剂 用石墨炉原子化时，在试样中加入基体改进剂，使其在干燥或灰化阶段与试样发生化学变化，其结果可能增强基体的挥发性或改变被测元素的挥发性，使待测元素的信号区别于背景信号。

当以上方法都未能消除化学干扰时，可采用化学分离的方法，如溶剂萃取、离子交换、沉淀分离等方法。

3. 电离干扰及其抑制 电离干扰是指待测元素在高温原子化过程中，由于电离作用而使参与原子吸收的基态原子数目减少而产生的干扰。

为了抑制这种电离干扰，可加入过量的消电离剂。由于消电离剂在高温原子化过程中电离作用强于待测元素，它们可产生大量自由电子，使待测元素的电离受到抑制，从而降低或消除了电离干扰。

4. 光谱干扰及其抑制 光谱干扰是指在单色器的光谱通带内，除了待测元素的分析线之外，还存在与其相邻的其他谱线而引起的干扰，常见的有以下三种。

（1）吸收线重叠 一些元素谱线与其他元素谱线重叠，相互干扰。可另选灵敏度较高而干涉少的分析线抑制干扰，或采用化学分离方法除去干扰元素。

（2）光谱通带内的非吸收线　这是与光源有关的光谱干扰，即光源不仅发射被测元素的共振线，还往往发射与其邻近的非吸收线。对于这些多重发射，被测元素的原子若不吸收，它们被监测器检测，产生一个不变的背景型号，使被测元素的测定敏感度降低；若被测元素的原子对这些发射线产生吸收，将使测定结果不正确，产生较大的正误差。

消除方法：可以减小狭缝宽度，使光谱通带小到可以阻挡多重发射的谱线，若波长差很小，则应另选分析线，降低灯电流也可以减少多重发射。

（3）背景干扰和抑制　背景干扰包括分子吸收、光散射等。

1）分子吸收：原子化过程中生成的碱金属和碱土金属的卤化物、氧化物、氢氧化物等的吸收和火焰气体的吸收，是一种带状光谱，会在一定波长范围内产生干扰。

2）光散射：原子化过程中产生的微小固体颗粒使光产生散射，吸光度增加，造成假吸收。波长越短，散射影响越大。

背景干扰都使吸光度增大，产生误差。石墨炉原子化法背景吸收干扰比火焰原子化法来得严重，有时不扣除背景会给测定结果带来较大误差。

用于商品仪器的背景矫正方法主要是氘灯扣除背景、塞曼效应扣除背景。

（五）主要特点

1. 优越性　原子吸收光谱法该法具有检出限低（火焰法可达 $\mu g/cm^{-3}$级）、准确度高（火焰法相对误差小于1%）、选择性好（干扰少）分析速度快、应用范围广（火焰法可分析 30 ~ 70 种元素，石墨炉法可分析 70 多种元素，氢化物发生法可分析 11 种元素）等优点。

（1）选择性强　这是因为原子吸收带宽很窄的缘故。因此，测定比较快速简便，并有条件实现自动化操作。在发射光谱分析中，当共存元素的辐射线或分子辐射线不能和待测元素的辐射线相分离时，会引起表观强度的变化。而对原子吸收光谱分析来说：谱线干扰的概率小，由于谱线仅发生在主线系，而且谱线很窄，线重叠概率较发射光谱要小得多，所以光谱干扰较小。即便是和邻近线分离得不完全，由于空心阴极灯不发射那种波长的辐射线，辐射线干扰少，所以也容易克服。在大多数情况下，共存元素不对原子吸收光谱分析产生干扰。在石墨炉原子吸收法中，有时甚至可以用纯标准溶液制作的校正曲线来分析不同试样。

（2）灵敏度高　原子吸收光谱分析法是最灵敏的方法之一。火焰原子吸收法的灵敏度是 ppm 到 ppb 级，石墨炉原子吸收法绝对灵敏度可达到 10^{-14} ~ 10^{-10}g。常规分析中大多数元素均能达到 ppm 数量级。如果采用特殊手段，例如预富集，还可进行 ppb 数量级浓度范围测定。由于该方法的灵敏度高，使分析手续简化可直接测定，缩短分析周期加快测量进程；由于灵敏度高，需要进样量少。无火焰原子吸收分析的试样用量仅需试液 5 ~ 100μl。固体直接进样石墨炉原子吸收法仅需 0.05 ~ 30mg，这对于试样来源困难的分析是极为有利的。譬如，测定小儿血清中的铅，取样只需 10μl 即可。

（3）分析范围广　发射光谱分析和元素的激发能有关，故对发射谱线处在短波区域的元素难以进行测定。另外，火焰发射光度分析仅能对元素的一部分加以测定。例如，钠只有 1% 左右的原子被激发，其余的原子则以非激发态存在。

在原子吸收光谱分析中，只要使化合物离解成原子就行了，不必激发，所以测定的是大部分原子。应用原子吸收光谱法可测定的元素达 73 种。就含量而言，既可测定低含量和主量元素，又可测定微量、痕量甚至超痕量元素；就元素的性质而言，既可测定金属元素、类金属元素，又可间接测定某些非金属元素，也可间接测定有机物；就样品的状态而言，既可测定液态样品，也可测定气态样品，甚至可以直接测定某些固态样品，这是其他分析技术所不能及的。

（4）抗干扰能力强　第三组分的存在，等离子体温度的变动，对原子发射谱线强度影响比较严重。而原子吸收谱线的强度受温度影响相对来说要小得多。和发射光谱法不同，不是测定相对于背景的信号强度，所以背景影响小。在原子吸收光谱分析中，待测元素只需从它的化合物中离解出来，而不必激发，故化学干扰也比发射光谱法少得多。

（5）精密度高　火焰原子吸收法的精密度较好。在日常的一般低含量测定中，精密度为1%~3%。如果仪器性能好，采用高精度测量方法，精密度为<1%。无火焰原子吸收法较火焰法的精密度低，一般可控制在15%之内。若采用自动进样技术，则可改善测定的精密度。火焰法：RSD<1%，石墨炉3%~5%。

2. 局限性

（1）不能多元素同时分析。测定元素不同，必须更换光源灯。

（2）标准工作曲线的线性范围窄（一般在一个数量级范围）。

（3）样品前处理麻烦。

（4）仪器设备价格昂贵。

（5）由于原子化温度比较低，对于一些易于形成稳定化合物的元素，原子化效率低，检出能力差，受化学干扰严重，结果不能令人满意。

（6）非火焰的石墨炉原子化器虽然原子化效率高、检出率低，但是重现性和准确度较差。

（7）对操作人员的基础理论和操作技术要求较高。

二、电感耦合等离子体发射光谱法

电感耦合等离子体原子发射光谱（ICP-AES）分析技术，既具有原子发射光谱法（AES）的多元素同时测定优点，又具很宽线性范围，可对主、次、痕量元素成分同时测定，适用于固、液、气态样品的直接分析，具有多元素、多谱线同时测定的特点，是实验室元素分析的理想方法。ICP-AES是原子光谱分析技术中应用最为广泛的一种，不仅是冶金、机械、地质等部门不可缺的分析手段，而且在有机物、生化样品的分析，以及当前备受关注的环境检测和食品安全监控等方面，日益展现其优越性，已成为当前最具优越分析性能和实用价值的实验室必备检测手段。

（一）基本原理

电感耦等离子体原子发射光谱仪（ICP-AES）主要用于液体试样（包括经化学处理能转变成的固体试样）中金属元素和部分非金属元素的定量分析。将样品溶液以气溶胶形式导入等离子体炬焰中，样品被蒸发和激发，发射出所含元素的特征波长的光。经分光系统分光后，其谱线强度由光电元件接受并转变为电信号而被记录。根据元素浓度与谱线强度的关系，测定样品中各相应元素的含量。

（二）研究进展

ICP-AES法出现于20世纪60年代。20世纪60年代初，Reed设计了三层同心石英管组成的等离子炬管装置，从切线方向通入冷却气，得到在大气压下类似火焰形状的高频无极放电装置，随后Greefield和Wendt等发表了第一篇电感耦合等离子体（ICP）在原子光谱分析上的应用报告以来，由于电感耦合等离子体光谱的优越分析性能和商品仪器的出现而得到迅速发展。1975年，国际纯粹和应用化学联合会（IUPAC）推荐将 ICP 作为电感耦合等离子体专用术语之后，ICP－AES 分析技术、仪器装置等方面得到全面发展，出现了以高刻线衍射光栅色散系统的同时型、顺序型和以中阶梯光栅双色散系统与面阵式固体检测器相结合的“全谱型”等 ICP－AES 仪器，使原子发射光谱分析仪器进入一个全新的发展时期，ICP－AES 分析技术成为有效的元素分析方法，同时 ICP－AES 仪器也处于不断改进并逐步向高端阶段发展。

近期出现的 ICP－AES 仪器新品，其先进性表现在下列几方面。

1. 仪器的分辨率有明显提高 中阶梯光栅－棱镜双色散系统和固体检测器不断创新，使这类全谱型 ICP 光谱仪器的分辨率达到“极致”。近期的 ICP－AES 新品仪器的光学分辨率达到 0.003nm 或像素分辨率为 0.002nm。结合固体检测器不断改进和提高，新一代 CCD/CID 检测器具有高灵敏度、高量子化效率，像素分辨率可达到或优于 0.003nm，仪器的谱线实际分辨率可以达到 0.007nm，最优化的条件下可达到 0.005nm 的效果。对于 ICP 具有丰富原子线和离子线的多谱线光源，如 Fe 在 210～660nm 范围内就有几千条谱线，含 0.1% Cr 溶液呈现 4000 多条谱线，因此谱线干扰是 ICP－AES 分析的主要影响因素。ICP－AES 仪器需要高分辨率的光学系统，才能最大限度降低光谱干扰。高分辨率是 ICP－AES 仪器可靠性的基本保证。

2. 高频电源采用全固态数字式发生器成为主流配置 全固态 RF 发生器使仪器结构更为紧凑、运行更加稳定，稳定性不大于 1.0%，重复性不大于 1.0%，频率优化在 27.12MHz 及 40.68MHz，不同厂家均有选用，效果相近，均有很好的分析性能。国外 ICP－AES 高端仪器均采用全固态数字式 RF 发生器，因此仪器的短期稳定性不大于 0.5% 和长期稳定性不大于 1.0%。国内在这方面也有进展，近年来，武汉地质大学与计量院联合研制的数字式高效全固态 ICP 光源系统已取得成果。采用全数字化设计，功率调节采用数字式控制，频率为 27.12MHz，可调范围为 100～1600W，将大大促进国产 ICP－AES 仪器的发展。

3. 炬管垂直放置，双向观测同时进行，已成为全新配置 ICP－AES 可以从侧面进行观测，称为侧视式 ICP－AES 仪器，也可从焰炬进行顶端观测，称为端视式 ICP－AES 仪器。20 世纪末推出端视技术，可以提高 ICP－AES 的检出灵敏度近 1 个数量级。国外高端的 ICP－AES 仪器均采用了双向观测可选技术，但均采用水平炬管，且需双向交替观测。实际应用发现，炬管水平放置不是最佳配置，实验中水平炬管易产生盐分、碳粒的凝结和水滴，而垂直矩管的设置可防止这些情况出现，并能提高分析有机样品和高盐样品的稳定性。

（三）应用进展

ICP－AES 分析技术由于其既具有多元素同时测定的优点，又具有溶液进样的稳定性，已经在很多领域的得到广泛应用。从近年来在各公开刊物上发表的文章可以看出，ICP－AES 法已经成为日常分析手段。由于新品仪器简化了分析流程，实现了快速、低成本、高通量的分析，更加适于在工业、环境、药物、食品安全等领域上应用，因此 ICP－AES 法可望成为低成本的检测方法。

1. 在标准分析上的应用 由于 ICP－AES 法以溶液进样，可以用基准物质配制的标准溶液作为基准进行测定，具有溯源性，因此其测定方法已越来越广泛地被纳入国际标准（ISO）、国家标准（GB）及行业标准。在实验室检测，测试数据比对发挥重要作用。目前 ISO 已经不断增加 ICP－AES 法，在我国也有大量 ICP－AES 法纳入国家标准和行业标准中。

2. 在冶金分析的直接测定中应用 ICP－AES 分析通过选用合适仪器和分析谱线，大多情况下可以进行直接测定。实际应用中主要是解决样品处理问题和选择合适的分析线，采用基体匹配以及谱线干扰校正等方式以确保测定结果的准确性。对于钢铁合金产品的成分测定，ICP－AES 法在日常分析的应用越来越普遍。实际应用中以多元素同时测定最为典型。

3. 非金属元素的测定应用 应用ICP－AES法测定冶金材料中S、P、Si、B、N、Cl、F等非金属元素比较受关注。近年来由于仪器的发展，ICP－AES法在分析谱线的选择上有优势，结合溶液进样的优点，使测定这些元素的标准物质较易配制，因而成为应用热点。

三、滴定法

一般实验室滴定分析采用的是人工滴定法，它是根据指示剂的颜色变化指示滴定终点，然后目测标准溶液消耗体积，计算分析结果。自动电位滴定法是通过电位的变化，由仪器自动判断终点。

（一）可滴定元素

锂Li、铍Be、硼B、氟F、钠Na、镁Mg、铝Al、硅Si、磷P、硫S、氯Cl、钾K、钙Ca、钪Sc、钛Ti、钒V、铬Cr、铁Fe、钴Co、镍Ni、铜Cu、锌Zn、镓Ga、锗Ge、砷As、锡Sn、硒Se、铷Rb、锶Sr、钇Y、锆Zr、铌Nb、钼Mo、铑、铬Cr、铟In、锡Sn、锑Sb、碲Te、碘I、铯Cs、钡Ba、铪Hf、钨W、铱Ir、铂Pt、金Au、汞Hg、铊Tl、铅Pb、铋Bi、铈Ce、钕Nd、钐Sm。

（二）实验涉及仪器

1. 自动电位滴定法的实验仪器 自动电位滴定仪；磁力搅拌滴定台；10ml交换单元；Pt电极；pH玻璃电极；Ag/AgCl参比电极；Pt辅助电极。

2. 人工滴定法 按照GB/T 5009.37—2003的方法测定样品中的酸价和过氧化值。

（三）分类

1. 酸碱滴定法 是以酸、碱之间质子传递反应为基础的一种滴定分析法，可用于测定酸、碱和两性物质，其基本反应为：

$$H^+ + OH^- = H_2O$$

2. 配位滴定法（络合滴定分析） 是以配位反应为基础的一种滴定分析法，可用于对金属离子进行测定。若采用EDTA作配位剂，其反应为：

$$Mn^+ + Y^{4-} = MYn^{-4}$$

式中，Mn^+表示金属离子，Y^{4-}表示EDTA的阴离子。

3. 氧化还原滴定法 是以氧化还原反应为基础的一种滴定分析法。可用于对具有氧化还原性质的物质或某些不具有氧化还原性质的物质进行测定，如重铬酸钾法测定铁，其反应如下：

$$Cr_2O_7^{2-} + 6Fe^{2+} + 14H^+ = 2Cr^{3+} + 6Fe^{3+} + 7H_2O$$

4. 沉淀滴定法 是以沉淀生成反应为基础的一种滴定分析法。可用于对Ag^+、CN^-、SCN^-及类卤素等离子进行测定，如银量法，其反应如下：

$$Ag^+ + Cl^- = AgCl$$

（四）滴定方式

1. 直接滴定法 凡能满足滴定分析要求的反应，都可用标准滴定溶液直接滴定被测物质。例如，用NaOH标准滴定溶液可直接滴定HCl、H_2SO_4等试样。

2. 返滴定法 又称回滴法，是在待测试液中准确加入适当过量的标准溶液，待反应完全后，再用另一种标准溶液返滴剩余的第一种标准溶液，从而测定待测组分的含量。这种滴定方式主要用于滴定反应速度较慢或反应物是固体，加入符合计量关系的标准滴定溶液后，反应常常不能立即完成的情况。例如，Al^{3+}与 EDTA（一种配位剂）溶液反应速度慢，不能直接滴定，可采用返滴定法。

3. 置换滴定法　是先加入适当的试剂与待测组分定量反应，生成另一种可滴定的物质，再利用标准溶液滴定反应产物，然后由滴定剂的消耗量，反应生成的物质与待测组分等物质的量的关系计算出待测组分的含量。这种滴定方式主要用于因滴定反应没有定量关系或伴有副反应而无法直接滴定的测定。例如，用$K_2Cr_2O_7$标定$Na_2S_2O_3$溶液的浓度时，就是以一定量的$K_2Cr_2O_7$在酸性溶液中与过量的 KI 作用，析出相当量的I_2，以淀粉为指示剂，用$Na_2S_2O_3$溶液滴定析出的I_2，进而求得$Na_2S_2O_3$溶液的浓度。

4. 间接滴定法　某些待测组分不能直接与滴定剂反应，但可通过其他的化学反应，间接测定其含量。例如，溶液中Ca^{2+}几乎不发生氧化还原的反应，但利用它与$C_2O_4^{2-}$作用形成CaC_2O_4沉淀，过滤洗净后，加入H_2SO_4使其溶解，用$KMnO_4$标准滴定溶液滴定$C_2O_4^{2-}$，就可间接测定Ca^{2+}含量。

知识链接

金属元素检测的应用

金属元素检测在工业生产、环境保护、食品、药品等领域有着广泛的应用。

在工业生产中，金属元素检测是质量控制的重要环节。例如，钢铁、有色金属、石油等工业中，需要对原材料、半成品和成品中的金属元素进行检测，以确保产品的性能和质量符合要求。同时，金属元素检测也为工业生产中的工艺控制和优化提供了重要依据。

金属元素检测在环境保护中发挥着重要作用。通过对土壤、水体、空气等环境样品中的金属元素进行检测，可以了解环境污染状况，评估环境质量，为环境保护和治理提供科学依据。

金属元素检测在食品药品领域中具有重要意义。例如，食品中重金属元素的检测可以保障食品安全；药品中微量元素的分析可以了解药品的质量和药效；医疗器械中金属元素的检测可以确保产品的安全性和有效性。

第三节　金属金相检验

金相指金属或合金的化学成分以及各种成分在合金内部的物理状态和化学状态（图 3－10）。金相组织是反映金属金相的具体形态，如马氏体、奥氏体、铁素体、珠光体等。广义的金相组织是指两种或两种以上的物质在微观状态下的混合状态以及相互作用状况。

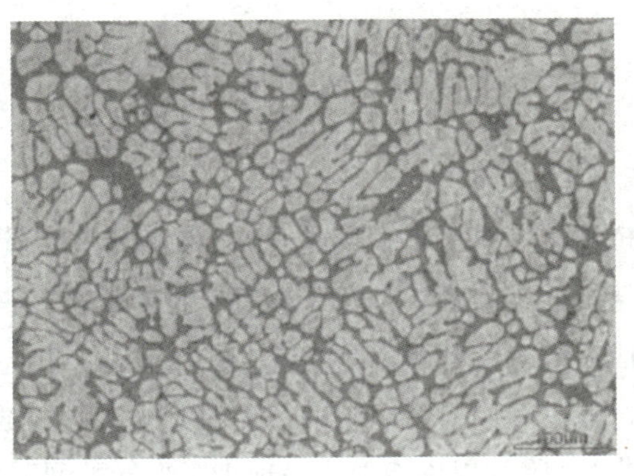

图 3－10　金相图

一、概述

金相检验是一种用于分析金属和合金内部结构的检测方法，它结合了金属学和热处理的基础原理，通过观察和分析材料的宏观和微观组织来评估其性能和质量。这种检验方法在材料科学和工程中具有广泛的应用，对于确保金属材料的可靠性和安全性至关重要。

金相检验主要是通过采用定量金相学原理，运用二维金相试样磨面或薄膜的金相显微组织的测量和计算来确定合金组织的三维空间形貌，从而建立合金成分、组织和性能间的定量关系。这种技术不仅大大提高了金相检验的准确率，更是提高了其速度，极大缩短了工作时间。

二、金相显微镜的构造及原理

金相显微镜，作为金相检测领域的核心设备，其结构包含光学系统、照明系统以及机械系统三大核心部分（图 3－11）。具体如下。

1. 光学系统 该系统涵盖了光源、物镜组、反光镜、目镜以及多组聚光镜，它们共同协作以确保高清晰度的成像质量。

2. 照明系统 由底座低压灯泡、聚光镜组、孔径光阑、反光镜以及视场光阑等组件构成，旨在为观察提供稳定且均匀的光源。

3. 机械系统 包括接目镜、试样台、粗调和微调手轮、物镜转换器以及孔径光阑等组件，它们共同确保了显微镜的稳定性和操作的便捷性。

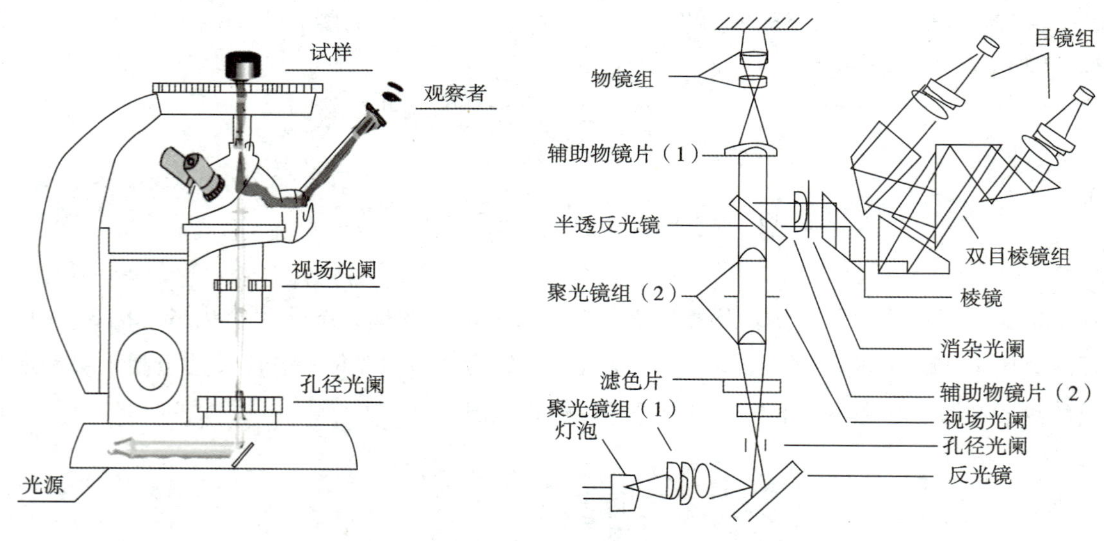

图 3－11 金相显微镜结构图及光路图

金相显微镜的光学成像原理基于反射式光学系统，核心由物镜、目镜及照明系统构成。光源（通常为卤素灯或 LED）发出的光经聚光镜准直后，通过物镜垂直投射至样品表面。样品经抛光腐蚀后，不同相结构或晶界因反射率差异形成明暗衬度：平整晶面产生镜面反射，凹坑或晶界处形成漫反射。物镜收集反射光，经物镜后焦面聚焦，在中间像平面形成第一次放大的实像（放大倍数由物镜决定）。该实像通过目镜进一步放大（二次放大），最终以虚像形式呈现于观察者视网膜。

关键技术包括：①柯勒照明系统确保均匀照明；②物镜的高数值孔径（NA）提升分辨率（分辨率

公式：$\lambda/2NA$，λ 为波长）；③反射光路设计适应不透明样品；④样品制备（抛光－腐蚀）通过化学蚀刻揭示微观结构差异。整个过程遵循几何光学原理，物镜决定空间分辨率（可达0.5μm），目镜扩展视角，最终实现金属材料晶粒、析出相、缺陷等微观特征的可视化。

三、金相检测流程及检验内容

1. 试样制备　如图3－12所示。

（1）切割　使用切割机将材料切割成合适的尺寸和形状。

（2）镶嵌　对于尺寸小或形状不规则的试样，需将其镶嵌在树脂中，以便于后续的磨抛和观察。

（3）磨抛　包括粗磨、精磨和抛光。粗磨是为了平整试样表面，精磨是为了消除粗磨留下的划痕，抛光则是为了使试样表面光滑平整，以便观察。

（4）腐蚀　使用腐蚀剂对试样表面进行腐蚀，以显现出不同的相和组织。

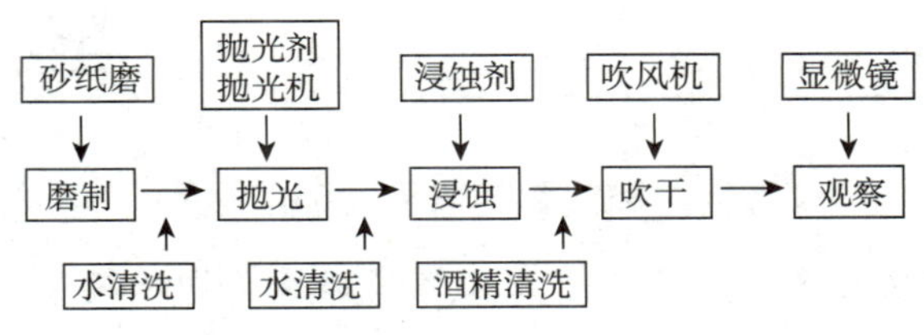

图3－12　实验金相试样制备过程的步骤和观察

2. 显微观察　选择合适的显微镜（如光学显微镜或电子显微镜），调节显微镜的参数（如光源、倍数、焦距等），使图像清晰可见。

观察试样表面的组织结构，并进行拍照记录。

3. 数据分析　使用图像分析软件对显微照片进行分析，测量晶粒度、相含量、缺陷尺寸等参数。

将分析结果整理成报告，并进行解释分析。

4. 结果评估　根据检测结果，判断材料的成分、性能、加工工艺等。

评估材料的质量和使用性能，并提出改进建议。

金相检验分析，不仅有组织识别还有评定，既有定性还有定量、半定量的检测。金相检验的内容归纳起来有以下几项。

（1）材料基体相的组织结构及其缺陷。

（2）显微组织的取向和状态的非均匀性，如带状、分布不均、晶粒度等。

（3）第二相的类型、结构、组成、数量、形态、尺寸和分布。

（4）研究原子按键力分布的晶体结构和电子按能量分布的原子、离子结构。

就显微组织检验来说，显微组织检验是通过一个二维截面视图来建立一个三维结构图形的，这样在显微组织检验中就分为四个级次。正确识别是什么显微组织；定性的显微组织状态；定量的显微组织状态；显微组织与性能之间的关系。

四、金相检测应用技术

在金相检验中主要应用的技术有三种。

1. 显像技术　应用显像技术来揭示材料的显微组织、断口形貌特征、各种缺陷形貌特征、表面状态等。这种技术包括两个方面即腐蚀技术、成像技术。腐蚀技术是根据不同受检材料和检验项目，选用不同的试剂和方法进行腐蚀。成像技术就是利用显微镜成像原理，如光学显微镜的暗场技术、偏光技术、干涉技术等，它主要记录和显示材料的二维平面微观组织结构特征。

2. 衍射技术 主要用来分析材料的晶体结构、晶体缺陷及晶体位向关系等问题，衍射技术中经常使用的设备是X线仪、电子衍射仪等。

3. 微区成分分析技术 利用化学成分分析来研究材料的基体、第二相、夹杂物以及腐蚀产物的组成，尤其是材料中微量元素对材料性能的影响等。它所使用的仪器有电子或离子探针、谱仪等。

随着科学技术的不断变化与发展，信息化的不断涌现，数字化成像技术的普及对于金相检验而言更是一种全新的挑战，所以这就要求其相关的技术人员必须加强专业知识的学习与完善，不断将新的技术、新的理念融入金相检验技术中，不断提高自身科学文化素质，在工作中以认真负责的态度进行材料的检验与分析，当发现问题时要给予及时的处理与解决，保证其金相检验在实际操作中的理论意义及其技术水平。

知识链接

金相显微镜和普通显微镜的区别

1. 结构和光学系统 金相显微镜通常采用倒置式结构，即物镜和目镜的位置颠倒，样品放置在上方，光线从底部透过。而普通显微镜则采用直立式结构，样品放置在下方，光线从上方透过。这种结构的不同决定了两种显微镜在观察样品时的不同方式。

金相显微镜的光学系统设计更加复杂，通常配备有调焦、调光、偏光等功能，以满足金相分析的需要。普通显微镜的光学系统相对简单，主要用于一般的生物学观察和常规实验。

2. 放大倍数和分辨率 金相显微镜通常具有较高的放大倍数和分辨率。它们可以提供高倍率的放大效果，使得细微结构和晶粒在显微图像中更加清晰可见。金相显微镜的放大倍数通常在几十倍到几百倍之间，分辨率可以达到亚微米级别。

普通显微镜的放大倍数和分辨率相对较低，适用于观察较大尺寸的样品和一般的细胞结构。普通显微镜的放大倍数通常在几十倍到几百倍之间，分辨率一般在微米级别。

3. 应用领域 金相显微镜主要应用于金相分析领域，用于观察金属材料的组织结构、晶粒大小和分布、相变等。金相显微镜广泛应用于材料科学、冶金学、机械制造等领域。

普通显微镜主要应用于生物学、医学、植物学等领域，用于观察细胞结构、组织切片、微生物等。普通显微镜是学校、实验室和医疗机构中常见的基础设备。

第四节 金属疲劳试验

金属疲劳试验是材料科学中一项至关重要的研究方法，旨在评估金属材料在循环应力或应变作用下的疲劳寿命和断裂特性。这一过程不仅涉及复杂的物理和化学机制，如塑性变形、微裂纹萌生、扩展直至断裂，而且直接关系到工业制造中机械零件的安全性和可靠性。

一、基本原理与方法

金属疲劳是指材料在承受循环应力或应变作用时，经过一定周期后，其性能逐渐退化，最终导致断裂的现象。这一现象的根源在于金属内部的微观结构在循环载荷下不断发生变化，如位错积累、晶界滑移等，最终导致微裂纹的形成和扩展。当这些微裂纹逐渐汇聚并扩展到一定程度时，金属构件将发生突然断裂，这种失效模式在工程中极为常见且危害严重。

金属疲劳试验正是基于这一原理，通过模拟实际工作条件下的应力循环，观察并记录材料的疲劳寿命和断裂特性。这一过程不仅有助于揭示材料疲劳的微观机制，还能为工程设计和材料选择提供科学依据。

疲劳试验可以预测材料或构件在交变载荷作用下的疲劳强度，一般该类试验周期较长，所需设备比较复杂，但是由于一般的力学试验如静力拉伸、硬度和冲击试验，都不能够提供材料在反复交变载荷作用下的性能，因此对于重要的零构件进行疲劳试验是必需的。

金属材料疲劳试验的一些常用试验方法通常包括单点疲劳试验法、升降法、高频振动试验法、超声疲劳试验法、红外热像技术疲劳试验方法等。

二、单点疲劳试验

1. 适用范围　适用于金属材料构件在室温、高温或腐蚀空气中旋转弯曲载荷条件下的疲劳性能测试。

在试样数量有限的情况下，可近似测定疲劳曲线并粗略估计疲劳极限。

2. 试验设备　通常使用弯曲疲劳试验机和拉压试验机，如图 3 - 13 所示。

试验机需满足弯曲载荷误差不大于 ±1%，并选择适当的频率以避免试样振动。

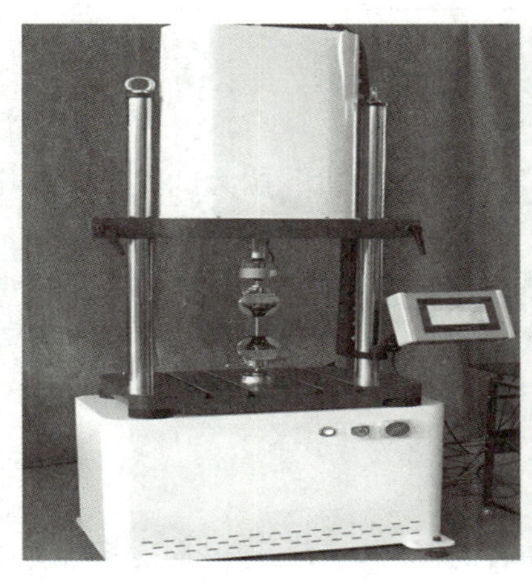

图 3 - 13　弯曲疲劳试验机（左）以及拉压试验机（右）

3. 试验步骤

（1）试样准备　准备 8 ~ 10 根试样，最小截面直径 d 一般取 6、7、8、9mm，偏差小于 $0.005d$。

（2）安装试样　将试样安装在疲劳试验机上。

（3）施加载荷　根据材料的抗拉强度计算并施加适当的载荷 P。

（4）逐级测试　从较高应力水平开始，逐级降低应力，记录每个应力水平下的疲劳寿命。

（5）数据处理　根据试验结果，计算疲劳极限。

4. 优缺点

（1）优点　操作简单，适用于试样数量有限的情况。

（2）缺点　结果较为粗略，不如升降法疲劳试验精确。

三、升降法疲劳试验

1. 基本原理　升降法通过逐级调整应力水平，根据试样在指定寿命下的破坏情况，确定材料的疲劳极限。具体来说，如果试样在未达到指定寿命时发生破坏，则下一根试样将在低一级的应力水平下进行测试；反之，如果试样在指定寿命内未被破坏，则下一根试样将在高一级的应力水平下进行测试。

2. 试验步骤

（1）准备试样　根据测试标准准备一定数量的试样，通常需要16根。

设置初始应力水平：从高于预计疲劳强度的应力水平开始，逐级降低进行试验。

（2）进行试验　在设定的应力水平下进行第一根试验。

如果试样在指定寿命（如10^7次循环）前被破坏，则下一根试样在低一级的应力水平下进行；反之，则在高一级的应力水平下进行。

（3）数据处理　舍弃出现第一对相反结果以前的数据。根据有效数据计算疲劳极限，通常使用统计方法如标准正态偏量法和单边误差限法，如图3－14所示。

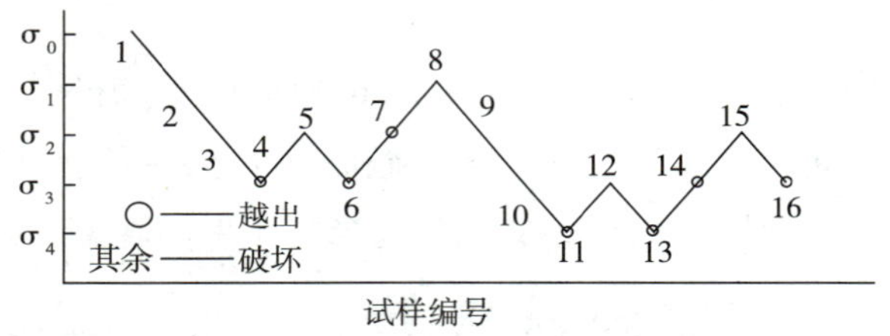

图3－14　升降图

3. 试验设备　进行升降法疲劳试验通常需要拉压疲劳试验机、拉力试验机或液压动静疲劳试验机等设备。

4. 优点　升降法能够较为精确地测定材料的疲劳极限，特别是在中长寿命区。

相对于其他方法，升降法所需的试样数量较少，能够节省时间和成本。

四、高频振动疲劳试验

1. 试验原理　利用试验机产生频率为1000Hz左右的循环载荷，通过交变惯性力作用于试样，模拟材料在实际工作中的疲劳状态。

2. 试验装置　主要包括控制仪、电荷适配器、功率放大器、加速度计和振动台等，如图3－15所示。

3. 试样要求

（1）形状　与单点疲劳试样相同。

（2）材料　一般选用高强度钢。

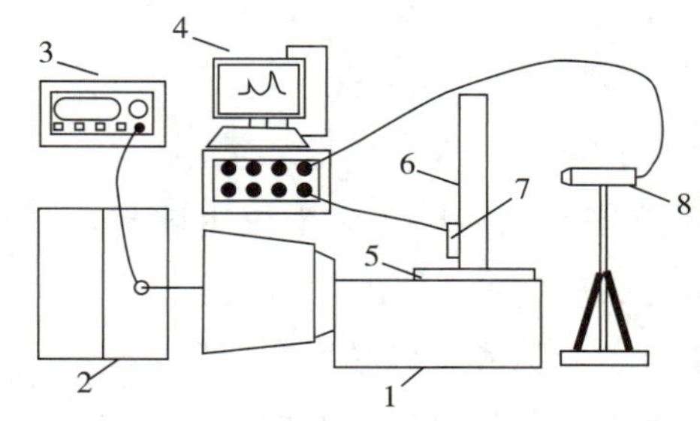

图 3－15　高频振动疲劳试验装置

1. 振动台；2. 振动台功放；3. 波形发生器或振动控制仪；4. 数据采集仪及计算机；
5. 叶片夹具；6. 叶片；7. 电阻应变计；8. 振幅测量装置

4. 试验步骤

（1）安装试样

1）安装加速度传感器　进行 500～2000Hz 的正弦扫频试验，确定试验频率。

2）设置参数　以选定的频率和控制加速度进行试验，调整应力水平。

3）开始试验　记录试验数据。

5. 数据处理　以试验应力 σ 为纵坐标，疲劳寿命的对数 $\lg N$ 为横坐标，采用最小二乘法拟合 $\sigma-N$ 曲线，反映材料的疲劳强度与寿命的关系。

6. 应用范围　主要用于军民机械工程，满足高频、低幅、高循环条件下的疲劳性能研究。

五、超声法疲劳试验

超声法疲劳试验是一种先进的加速共振式疲劳测试方法，通过高频振动来评估材料在超高周次循环载荷下的疲劳性能。该技术利用超声波频率（通常为 20kHz），远超常规疲劳测试的频率范围（小于 200Hz），从而显著缩短了试验时间，同时具备省力、省钱和无噪音等优点。

1. 试验装置与原理　超声法疲劳试验装置主要由以下几个部分组成：超声频率发生器、压力陶瓷换能器和位移放大器，如图 3－16 所示。超声频率发生器将普通的 50Hz 电信号转变为 20kHz 的超声正弦波电信号，通过压力陶瓷换能器将电信号转化为机械振动信号，位移放大器则进一步放大位移振幅，使试样获得所需的应变振幅。整个系统构成了一个精密的力学振动系统，试样通过外加信号激励发生谐振，从而在试样内部产生谐振波，实现加载。

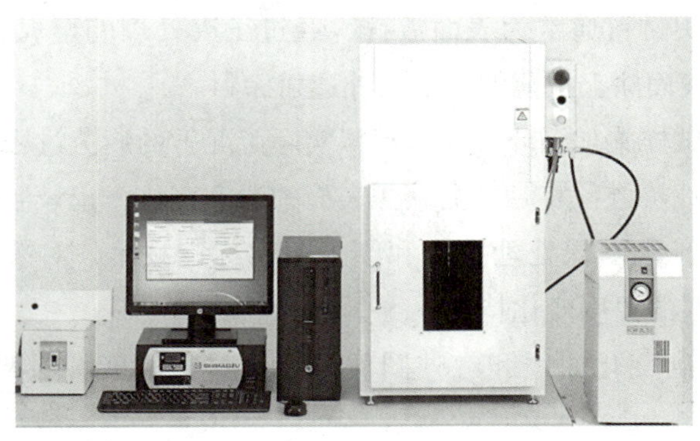

图 3－16　超声法疲劳试验机

2. 试样要求与试验步骤 超声法疲劳试验的试样通常分为拉压试样和三点弯曲试样。试验步骤如下。

（1）试样测量校准 对试样进行精确的尺寸和性能测量。

（2）试样安装 将试样固定在位移放大器中，对于拉压试验，试样一端固定，另一端自由；对于非对称拉压试验，试样两端分别固定在两个放大器上。

（3）参数设置 根据试验需求设置载荷和试验频率。

（4）试验进行与数据记录 启动试验并记录试验数据，直至试样断裂。

3. 数据处理与分析 试验数据通常通过 Basquin 方程进行描述，该方程表达式为：

$$\sigma_a = \sigma'_f \ (2N_f)^b \lambda \tag{3-4}$$

式中，σ_a 表示应力幅；σ_f 表示疲劳强度系数；N_f 表示试验所得疲劳寿命。通过绘制超声疲劳 $S-N$ 曲线（以 N_f 为坐标，σ_a 为纵坐标），可以直观地展示材料的疲劳性能。

六、红外热像技术疲劳试验

红外热像技术疲劳试验方法是一种先进的无损检测技术，通过检测物体表面温度场分布的变化来评估材料的疲劳强度。该方法具有非接触、实时、高效的优点，克服了传统疲劳试验方法的诸多不足，如试验周期长、所需试件和费用多等。以下是对红外热像技术疲劳试验方法的详细概述。

1. 基本原理 红外热像技术是一种波长转换技术，即将目标的热辐射转换为可见光的技术，如图 3-17 所示。材料在受到循环应力作用时，其内部会产生微观塑性变形，导致能量耗散并转化为热量。这种热量在材料表面形成温度梯度，通过红外热像仪可以捕捉到这些微小的温度变化，从而实现对材料疲劳状态的评估。

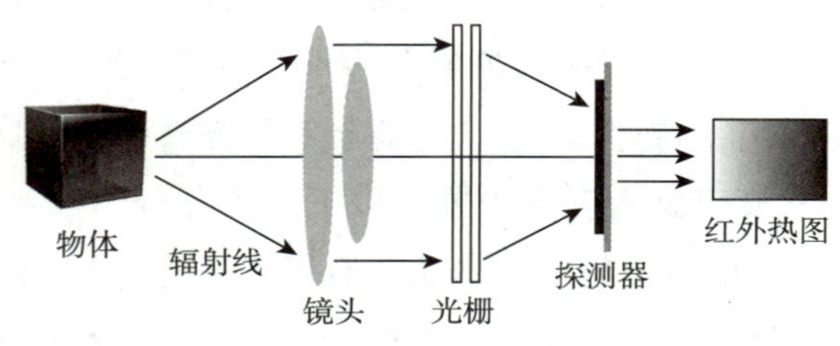

图 3-17 红外热像技术

2. 试验步骤

（1）试样准备 试验所用材料通常为表面镀锌、经过正火处理的金属材料，为增大金属表面的比辐射率，试验时通常在试样表面涂上很薄的一层红外透射涂料。

（2）加载循环应力 对试样施加循环载荷，模拟实际工况下的疲劳过程。

（3）温度监测 利用红外热像仪实时监测试样表面的温度变化，记录温度场分布。

（4）数据分析 通过计算机图像处理技术和红外测温标定技术，对采集到的温度数据进行分析，识别应力集中区和疲劳损伤区的温度变化特征。

（5）结果评估 根据温度变化曲线和红外图像，评估材料的疲劳极限、疲劳寿命以及裂纹扩展情况。

3. 优点

（1）无损检测 不需要对材料进行破坏性处理，可以实时监测材料的疲劳状态。

（2）高效快速　相比传统方法，红外热像法可以显著缩短试验周期，降低试验成本。

（3）高灵敏度　能够检测到微小的温度变化，对早期疲劳损伤具有很高的敏感性。

（4）非接触　不需要与试样直接接触，避免了对试样的干扰。

知识链接

红外热像技术疲劳试验方法应用实例

金属容器疲劳强度测试：在压力容器疲劳损伤区，工作压力条件下始终有热斑迹存在，这些热斑迹随着疲劳裂纹的扩展而变化。通过红外热像仪检测这些热斑迹，可以准确判断疲劳损伤的位置和程度。

45#钢疲劳极限快速确定：利用红外热像仪测量疲劳试验中45#钢试件表面温升变化，根据红外疲劳极限快测法得到疲劳极限，并由累积塑性功和塑性温升之间的相关假设，推导出试件疲劳寿命的计算公式。试验结果表明，红外热像法可以快速、准确地确定材料的疲劳极限和 $S-N$ 曲线。

第五节　金属材料的耐腐蚀性测试

金属耐腐蚀性能是指金属材料在腐蚀介质中的抗腐蚀能力，具体表现为材料在特定环境中的稳定性、耐久性和抗破坏能力。影响金属耐腐蚀性能的因素主要包括金属材料的种类、组织结构、表面状态、环境因素等。

金属材料的耐蚀性直接影响产品的寿命、安全性和可持续性。通过耐蚀测试，可以评估金属材料在不同环境条件下的腐蚀行为，预测其在实际使用中的表现，有助于制造商选择合适的材料，设计更耐蚀的产品，并确保产品在恶劣环境下的可靠性。以下是几种常用的金属材料的耐腐蚀性测试方法。

一、盐雾试验

盐雾试验是一种用于评估产品或材料耐腐蚀性能的环境试验，通过模拟海洋或含盐潮湿地区的盐雾环境，加速材料或产品在盐雾中的腐蚀过程，以考核其耐盐雾腐蚀能力。

1. 盐雾试验的基本原理

（1）盐雾腐蚀的形成　盐雾腐蚀主要是由于氯离子穿透金属表面的氧化层和防护层，与内部金属发生电化学反应引起的。氯离子具有较强的水合能，易被吸附在金属表面的孔隙、裂缝中，排挤并取代氧化层中的氧，把不溶性的氧化物变成可溶性的氯化物，使钝化态表面变成活泼表面，导致材料或其性能的破坏或变质。

（2）盐雾试验的特点　盐雾试验是一种加速腐蚀试验，通过在人工模拟的盐雾环境中进行测试，能够在较短时间内模拟材料在自然盐雾环境中的腐蚀情况，其设备结构如图 3－18 所示。与天然环境相比，盐雾试验设备中的氯化物浓度通常是天然环境盐雾含量的几倍甚至几十倍，从而显著提高了腐蚀速度。例如，在天然环境下暴露一年的盐雾腐蚀状态，在人工模拟盐雾试验条件下仅需 24 小时即可完成，并得到相似的结果。

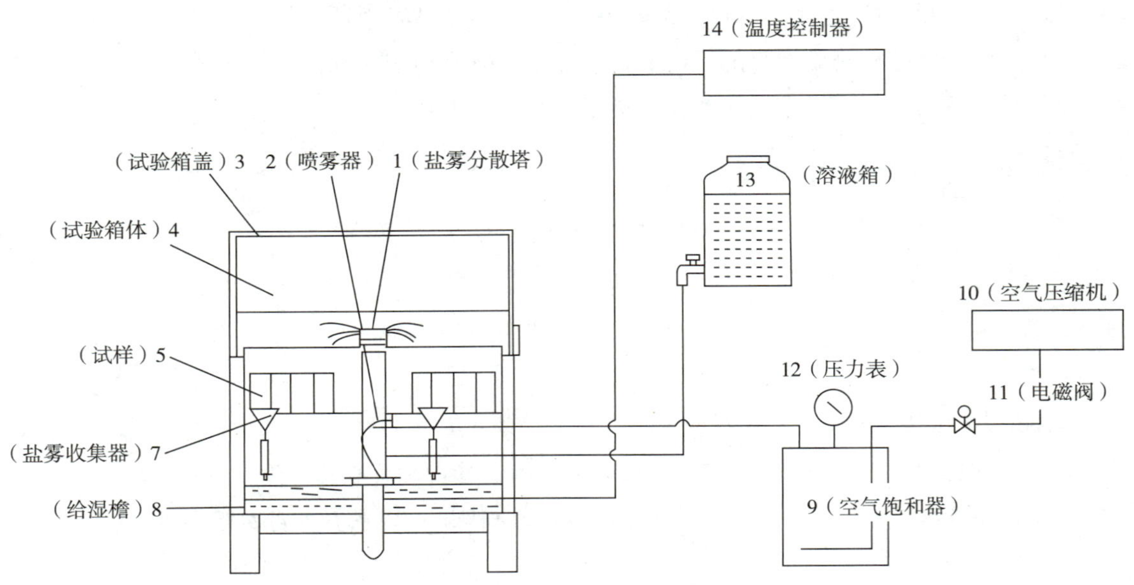

图 3－18 盐雾箱设计图

2. 盐雾试验的种类

（1）中性盐雾试验（NSS） 是在特定的试验箱（电镀设备）内，将含有（5±0.5）%氯化钠、pH为6.5~7.2的盐水通过喷雾装置进行喷雾，让盐雾沉降到待测试验件上，经过一定时间观察其表面腐蚀状态。试验箱的温度要求在（35±2）℃，湿度大于95%，降雾量为1~2ml/(h·cm^2)，喷嘴压力为78.5~137.3kPa（0.8~1.4kgf/cm^2）。

（2）乙酸盐雾试验（AASS） 又称醋酸盐雾试验，是在中性盐雾试验的基础上发展起来的。它是在5%氯化钠溶液中加入一些冰醋酸，使溶液的pH降为3左右，溶液变成酸性，最后形成的盐雾也由中性盐雾变成酸性。它的腐蚀速度要比NSS试验快3倍左右。

（3）铜加速乙酸盐雾试验（CASS） 铜加速乙酸盐雾试验通过在中性盐雾试验的基础上加入铜离子和乙酸来加速腐蚀过程。铜离子作为腐蚀催化剂，可以显著提高金属腐蚀速度至中性盐雾试验的8倍。试验温度为50℃，pH控制在3.1~3.3。

（4）交变盐雾试验 是一种综合烟雾试验，主要在中性盐雾试验基础上进行恒定湿热处理。它适用于检测空腔型金属产品，通过潮湿环境的渗透，使得盐雾腐蚀不仅作用于产品表面，同时发生在产品内部。

3. 盐雾试验的结果判定

（1）评级判定法 通过观察样品表面的腐蚀程度进行评级，通常分为0~10级，级别越高，腐蚀越严重。

（2）称重判定法 通过测量样品在试验前后的重量变化，来评估腐蚀程度。

（3）腐蚀物出现判定法 通过观察样品表面是否有腐蚀产物出现，以及腐蚀产物的类型和数量，来评估腐蚀程度。

盐雾试验作为一种重要的环境试验，能够有效地评估产品或材料在盐雾环境下的耐腐蚀性能。通过选择合适的试验标准和条件，可以准确模拟材料在自然盐雾环境中的腐蚀情况，为产品的设计和改进提供重要依据。

二、电化学测试

电化学测试是研究金属材料腐蚀行为的重要手段，广泛应用于材料科学、环境科学和工程领域。以下是关于电化学腐蚀测试的常用方法。

1. 极化曲线测试　是电化学腐蚀测试中常用的方法之一，通过测量电极电位与电流密度之间的关系，可以分析金属的腐蚀速率和耐腐蚀性。极化曲线的斜率可以用来判断腐蚀过程中阳极和阴极的反应强度，从而推断金属的耐腐蚀性能，如图 3－19 所示。通过极化曲线的塔菲尔区拟合，可以获得腐蚀电位和腐蚀电流密度等关键参数，这些参数能够进一步揭示金属的腐蚀速率变化趋势和腐蚀机制。

2. 电化学阻抗谱（EIS）测试　通过测量电极系统的阻抗随频率的变化来评估金属的腐蚀程度。该方法能够提供关于腐蚀过程中电子转移和反应阻力的详细信息。

3. 开路电位法　是一种简单且有效的电化学测试方法，通过测量金属在腐蚀溶液中的稳定电位，研究其腐蚀和钝化行为。这种方法不需要施加外部电流，避免了对材料的极化影响，从而能够更准确地评估材料的腐蚀倾向和钝化状态，其测试曲线如图 3－20 所示。

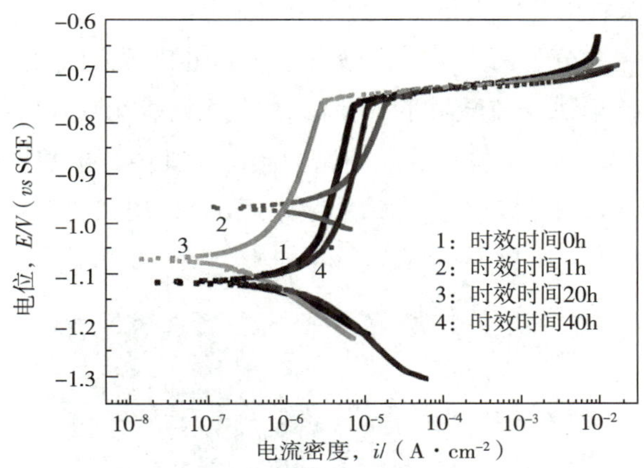

图 3－19　在 3.5% NaCl 水溶液中 Al－2Li 合金的动电位极化曲线

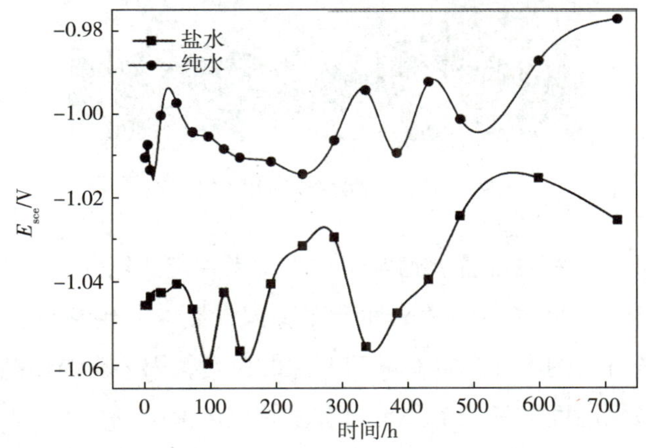

图 3－20　国产镀锌钢在不同水环境中的腐蚀行为

4. 动电位扫描法　通过在电极上施加扫描电位，测量电流随电位的变化，从而分析金属的腐蚀行为和钝化特性。

5. 循环极化法 用于研究金属在动态条件下的腐蚀行为，通过改变极化电位和电流密度，观察金属的腐蚀响应。

三、晶间腐蚀试验

晶间腐蚀试验是一种用于评估金属材料在特定腐蚀环境下的性能的重要方法。这种试验方法主要用于检测金属材料在晶界处的腐蚀敏感性，以确保材料在实际应用中的安全性和可靠性。

1. 晶间腐蚀的定义与机制 晶间腐蚀是指沿着金属晶粒间的分界面向内部扩展的腐蚀，主要由晶粒表面和内部间化学成分的差异以及晶界杂质或内应力的存在引起。这种腐蚀现象破坏了晶粒间的结合，导致金属材料的机械强度大幅下降。晶间腐蚀在不锈钢、镍基合金等材料中最常见，且通常在焊接接头的热影响区或经敏化处理的不锈钢中发生。

其腐蚀机制主要包括贫铬理论、σ 相沉淀理论和晶界吸附理论。贫铬理论指出，由于晶界析出第二相导致晶界某一成分的贫乏化，从而形成腐蚀微电池，加速晶界区的腐蚀。σ 相沉淀理论则适用于低碳和超低碳钢，在特定热处理条件下，σ 相在晶间沉淀析出引发腐蚀。晶界吸附理论则指出，当特定杂质在晶界吸附并偏析时，会在强氧化剂介质作用下导致晶间腐蚀。

2. 晶间腐蚀试验方法 主要分为两大类：热酸浸泡法和电化学方法。

（1）热酸浸泡法 包括硫酸铁－硫酸试验、硝酸试验及硫酸铜－16%硫酸试验等，如图 3－21 所示，这些方法主要用于定性和定量判定材料的晶间腐蚀倾向。其中，硫酸铁－硫酸试验和硝酸试验适用于由 σ 相沉淀或碳化铬沉淀引起的晶间腐蚀，而硫酸铜－16%硫酸试验则适用于由碳化铬沉淀引起的晶间腐蚀。

图 3－21 不锈钢晶间腐蚀实验

（2）电化学方法 主要用于材料筛选，通常不作为结果判定的依据。

3. 晶间腐蚀的影响因素 晶间腐蚀的敏感性受多种因素影响，包括材料的化学成分、热处理和加工工艺等。在不锈钢中，碳含量的增加会提高晶间腐蚀的风险，因为碳与铬结合形成碳化铬，导致晶界贫铬，从而降低耐蚀性。敏化温度也是一个关键因素，通常在 450～850℃，材料在此温度区间停留时间越长，晶间腐蚀的风险就越大。

4. 试验条件与参数 晶间腐蚀试验通常在特定的腐蚀介质中进行，如硫酸－硫酸铜溶液或氯化钠溶液。试验条件如溶液配比、温度和腐蚀时间等需严格遵循标准规定，以确保结果的可靠性。例如，在硫酸－硫酸铜溶液中煮沸 16 小时是一种常见的试验方法，用于评估材料的晶间腐蚀倾向。

四、应力腐蚀试验

应力腐蚀试验是一种评估材料在应力与腐蚀共同作用下的性能测试方法，对于确保材料在特定环境中的安全性和可靠性具有重要意义。

1. 应力腐蚀的定义与机制　应力腐蚀是指材料在静应力（主要是拉应力）和腐蚀的共同作用下产生的失效现象，如图3－22所示，这种失效通常表现为材料的突然断裂，具有极大的危险性。

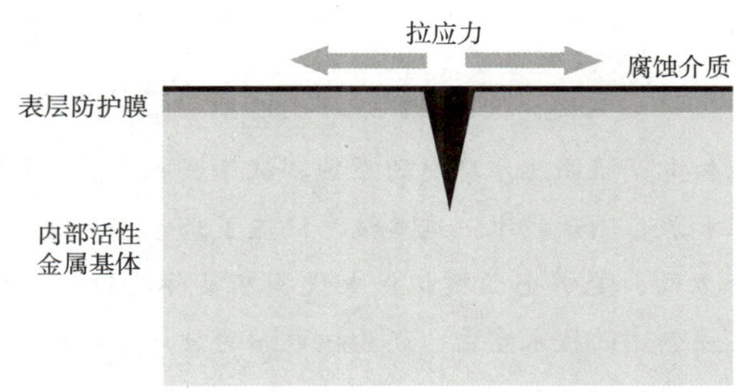

图3－22　应力腐蚀机制

应力腐蚀的发生需要满足三个条件：①金属材料必须是合金而非纯金属，因为合金更容易发生应力腐蚀；②材料必须与特定的腐蚀介质匹配；③必须存在拉应力，这种应力可以是工作应力或焊接残余应力。

应力腐蚀的机制主要包括阳极溶解和氢致开裂。在应力腐蚀过程中，零件或构件在应力和腐蚀介质的作用下，表面氧化膜被腐蚀破坏，形成阳极和阴极，阳极处的金属离子化并溶解，产生电流流向阴极，进一步加速腐蚀，最终导致裂纹的形成和扩展。

2. 应力腐蚀试验方法　用于评估材料在应力与腐蚀介质共同作用下的行为，是材料科学和工程领域中重要的研究手段。

（1）恒载荷法　是一种通过施加恒定拉伸静载荷来评估材料应力腐蚀敏感性的方法。在试验过程中，试样的一端被固定，另一端承受恒定的载荷。由于裂纹扩展导致试样有效承载面积减小，应力水平不断增加，使得试样易于断裂。这种方法特别适用于模拟工程构件在实际使用中可能承受的恒定应力情况，例如大型构件在制造或服役过程中产生的缺陷不会显著改变其承受的应力水平。恒载荷试验的结果通常更能代表裂纹的萌生时间，因此在工程应用中具有重要价值。然而，恒载荷法的缺点在于，一旦裂纹萌生，试样会迅速断裂，无法获取裂纹扩展速率等信息，这在需要详细研究裂纹扩展过程的场合可能受限。

（2）恒位移法　通过拉伸或弯曲使试样变形，并利用刚性框架或螺栓维持变形量恒定。这种方法常用于模拟工程构件中的加工制造应力状态。恒位移法的优点包括试验装置简单、操作方便，且适用于不同高压环境下的试验。此外，恒位移法可用于材料的验收和筛选，尤其适用于焊接产品的评价。然而，恒位移法的缺点在于应力状态不明确，数据分散性较大，且应力松弛现象可能导致结果偏高。

（3）慢应变速率法（SSRT）　通过以恒定且缓慢的应变速率对试样施加载荷，以评估材料在腐蚀介质中的应力腐蚀敏感性。这种方法允许腐蚀介质与金属表面有足够的时间进行反应，从而优化试验效率和结果准确性。推荐应变速率通常在10^{-7}～$10^{-6}s^{-1}$，以确保试验结果的可靠性和可重复性。通过SSRT试验，可以获取材料的塑性损伤、断裂强度、吸收能量和断裂时间等指标，从而全面评估其应力腐蚀性能。此外，SSRT 法还可用于研究其他因素如温度、pH、电极电位等对应力腐蚀的影响。

（4）电化学测试方法　通过动电位极化曲线等技术在模拟环境中评估材料的应力腐蚀敏感性。这种方法能够在不破坏材料的情况下进行，适用于多种金属材料。电化学测试可以模拟深海压力环境，使用三电极体系进行实验，或通过循环动电位再活化法评估晶间腐蚀。

（5）声发射检测技术　是一种在线检测方法，通过监测声发射信号来评估材料的应力腐蚀状态。这种方法适用于压力容器等设备的检测，能够实时监控应力腐蚀过程。

知识链接

核电材料腐蚀测试技术的创新与应用

中科院金属研究所在核电高温高压水环境的腐蚀测试领域取得了显著进展，开发出了一系列先进的腐蚀损伤测试技术和原位测试技术。这些技术涵盖了光学、光谱、声发射、电化学、裂纹扩展以及应变测试等多个方面，能够全面模拟核电设备在实际运行过程中所面临的复杂腐蚀行为。这不仅填补了国内在该领域的技术空白，还为核电站的设计、建造和运行提供了珍贵的数据支持，有效解决了相关数据缺失的问题。

此外，该研究所还主导制定了四项针对高温高压水环境下材料试验的标准。这些标准包括《核电厂金属材料高温高压水中划伤再钝化试验方法》《核电厂金属材料高温高压水腐蚀疲劳试验方法》《核电厂金属材料高温高压水中应力腐蚀裂纹扩展试验方法》以及《核电厂金属材料高温高压水中电化学试验方法》。这些标准的发布实施，标志着中国在核电材料试验领域已达到国际领先水平，为核电材料的安全评价提供了坚实的科学依据。

第六节　金属材料的表面缺陷测试

金属表面缺陷检测是确保金属制品质量和安全性的关键环节。在金属制品的生产过程中，由于多种原因，如加工工艺不当、材料本身的问题或外部环境影响，表面可能会出现各种不同类型的缺陷。这些缺陷包括但不限于裂纹、凹坑、划痕以及夹杂物等。裂纹可能是由材料疲劳或应力集中引起的，而凹坑可能是由于加工过程中的撞击或腐蚀造成的。划痕通常来源于机械操作中的摩擦损伤，夹杂物则可能是由于原材料不纯或生产环境中的污染造成的。

这些表面缺陷不仅严重影响产品的外观质量，使之不符合美学标准或市场需求，更重要的是，它们会显著影响产品的使用性能和使用寿命。例如，裂纹可能导致结构强度降低，增加产品在运行过程中失效的风险；凹坑和划痕可能成为应力集中点，加速材料的疲劳损坏；夹杂物则可能影响材料的均匀性和整体性能，导致不可预料的故障。

因此，为了确保金属制品的可靠性和安全性，掌握金属表面缺陷检测的常见方法至关重要。以下将介绍几种常用的传统金属表面缺陷检测方法。

一、磁粉检测

磁粉检测（magnetic particle testing，MT），又称磁粉检验或磁粉探伤，是一种无损检测方法，利用磁粉作为显示介质来观察缺陷。

1. 技术原理　磁粉探伤的基本原理：铁磁性材料和工件被磁化后，由于不连续性的存在，使工件表面和近表面的磁力线发生局部畸变而产生漏磁场，吸附施加在工件表面的磁粉，形成在合适光照下目视可见的磁痕，从而显示出不连续性的位置、形状和大小，如图3－23所示。

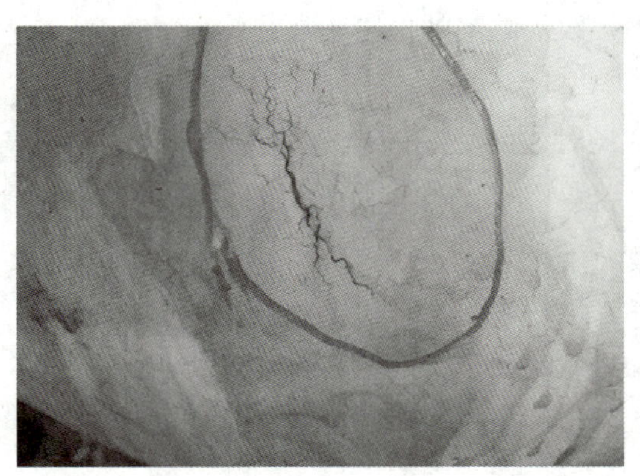

图3－23　主蒸汽阀体进行磁粉检测

2. 主要分类

（1）按工件磁化方向的不同分类　可分为周向磁化法、纵向磁化法、复合磁化法和旋转磁化法。

（2）按采用磁化电流的不同分类　可分为直流磁化法、半波直流磁化法和交流磁化法。

（3）按探伤所采用磁粉的配制不同分类　可分为干粉法和湿粉法。

（4）按照工件上施加磁粉的时间不同分类　可分为连续法和剩磁法。

（5）按照显示材料的不同分类　可分为荧光法和非荧光法。

3. 操作方法

（1）预清洗　所有材料和试件的表面应无油脂及其他可能影响磁粉正常分布、影响磁粉堆积物的密集度、特性以及清晰度的杂质。

（2）缺陷的探伤　磁粉探伤应以确保满意地测出任何方面的有害缺陷为准。使磁力线在切实可行的范围内横穿过可能存在于试件内的任何缺陷。

（3）探伤方法的选择

1）湿法：磁悬液应采用软管浇淋或浸渍法施加于试件，使整个被检表面完全被覆盖，磁化电流应保持1/5～1/2秒，此后切断磁化电流，采用软管浇淋或浸渍法施加磁悬液。

2）干法：磁粉应直接喷或撒在被检区域，并除去过量的磁粉，轻轻地震动试件，以获得较为均匀的磁粉分布。

（4）检测近表面缺陷。

（5）周向磁化与纵向磁化。

（6）退磁　将零件放于直流电磁场中，不断改变电流方向并逐渐将电流降至零值。

（7）后清洗　在检验并退磁后，应把试件上所有的磁粉清洗干净，注意彻底清除孔和空腔内的所有堵塞物。

4. 基本用途　在工业中，磁粉探伤可用来做最后的成品检验，以保证工件在经过各道加工工序（如焊接、金属热处理、磨削）后，在表面上不产生有害的缺陷。它也能用于半成品和原材料（如棒材、钢坯、锻件、铸件等）的检验，以发现原来就存在的表面缺陷。铁道、航空等运输部门，冶炼、化工、动力和各种机械制造厂等，在设备定期检修时对重要的钢制零部件也常采用磁粉探伤，以发现使用中所产生的疲劳裂纹等缺陷，防止设备在继续使用中发生灾害性事故。

5. 主要特点

（1）优点

1）对钢铁材料或工件表面裂纹等缺陷的检验非常有效。

2）设备和操作均较简单。

3）检验速度快，便于在现场对大型设备和工件进行探伤。

4）检验费用也较低。

（2）缺点

1）仅适用于铁磁性材料。

2）仅能显出缺陷的长度和形状，而难以确定其深度。

3）对剩磁有影响的一些工件，经磁粉探伤后还需要退磁和清洗。

二、超声波检测

超声波检测（ultrasonic testing，UT），也叫超声检测，是利用超声波技术进行检测工作的，是五种常规无损检测方法中的一种。

1. 基本原理 超声波检测金属表面缺陷的原理是利用超声波在金属材料中传播时，遇到不同介质或缺陷会产生反射和折射，从而改变其传播波形和穿透时间。通过分析这些变化，可以判断金属材料内部是否存在缺陷，并确定其位置和大小。对于金属表面缺陷，通常使用表面波或横波进行检测，如图3－24所示。

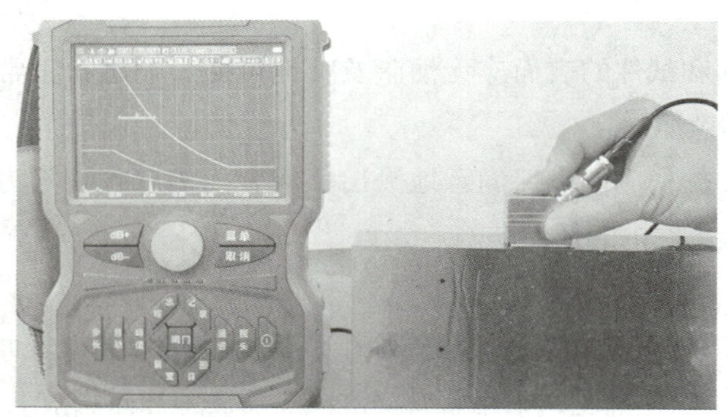

图3－24 超声波探测金属表面缺陷

2. 特点

（1）非破坏性 超声波检测不会对金属材料造成任何损伤，因此可以在不破坏材料的情况下进行检测。

（2）高精度 超声波检测能够准确检测金属表面的微小缺陷，并确定其位置和大小。

（3）高效率 超声波检测速度快，适用于大规模生产线的质量控制。

（4）适用范围广 可用于多种金属材料的检测，包括铁、钢、铝、铜等。

3. 操作流程

（1）准备阶段

1）了解工件信息：深入了解被检工件的相关信息，包括工件名称、材质、规格、表面状态以及检测标准等。

2）选择仪器和探头：根据标准规定和现场实际情况，选择合适的超声波探伤仪和探头，并确定相关的探测参数，如扫描比例、探测灵敏度等。

3）仪器校准：①在仪器使用前，进行必要的校准，确保仪器的性能稳定可靠；②对探头进行校准，包括前沿、折射角等的测定，以确保声束的准确性和探测的灵敏度。

（2）检测操作阶段

1）母材检验：在检测前，需先测量管壁或其他金属部件的厚度，并在检测过程中定期测量，以便于参考。

2）设置灵敏度基准：将无缺陷处的二次底波调整至荧光屏满刻度，以此作为检测灵敏度的参考基准。

3）扫查与检测：①使用探头在金属表面进行扫查，扫查方式可以是旋转扫描或直线扫描；②扫查过程中，需实时记录超声波的传播时间、振幅、波形等参数；③根据超声波的反射信号特征（如波形、振幅、相位等），结合金属的材质、结构和工艺特点，对可能存在的缺陷进行识别。

（3）结果处理与反馈

1）缺陷识别与评级：根据缺陷的性质、幅度及指示长度，参照相关标准进行评级。

2）仪器设备校核复验：完成检测后，需对仪器设备进行校核复验，确保结果的准确性。

3）出具检测报告：根据检测结果出具相应的检测报告，报告中应包含被检工件的详细信息、检测过程、检测结果及评级等信息。

4. 注意事项

（1）在进行超声波检测时，应确保金属表面清洁，无氧化皮、油污、锈蚀等杂物，以保证超声波能够顺利传播并准确接收反射信号。

（2）选择合适的探头频率、直径和角度，以及合适的耦合剂（如水、甘油等），确保超声波能够有效地耦合到金属表面并进入其内部。

（3）检测时应避免干扰源，如杂音或其他材料对超声波的干扰。

三、渗透检测

渗透检测是一种无损检测技术，主要用于检测非疏孔性金属或非金属零部件的表面开口缺陷。以下是关于渗透检测的具体介绍。

1. 基本原理　渗透检测基于毛细作用原理。将含有荧光染料或着色染料的渗透剂施加到零部件表面，渗透剂在毛细作用下渗入表面开口缺陷中。清除表面多余渗透剂后，施加显像剂，缺陷中的渗透剂在毛细作用下被重新吸附到表面，形成放大的缺陷显示，从而检测出缺陷的形貌和分布状态，如图3-25所示。

2. 优点

（1）适用范围广　可检测各种非疏孔性材料，如金属、塑料、陶瓷及玻璃等，不受材料组织结构和化学成分限制。

（2）检测灵敏度高　能清晰显示细微裂纹，如宽0.5μm、深10μm、长1mm左右的缺陷。

（3）显示直观　缺陷显示清晰，容易判断，一次操作可检出一个平面上各个方向的缺陷。

（4）操作简便　设备简单携带方便，检测费用低，适用于野外工作。

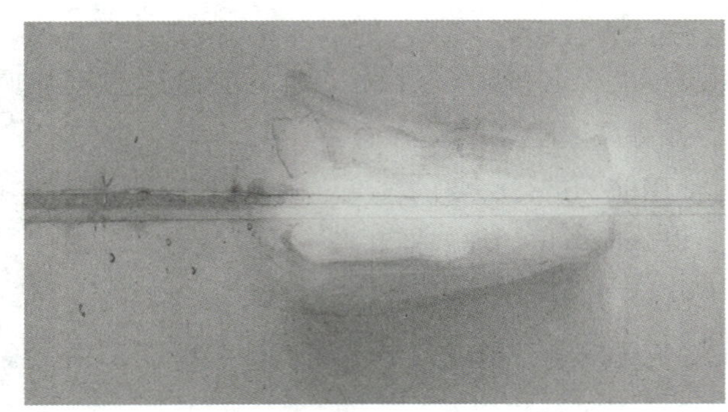

图 3－25 焊接件 pt 渗透探伤检测

3. 局限性

（1）不适用于多孔材料 多孔性或疏松材料制成的工件以及表面粗糙的工件，容易掩盖缺陷显示或造成假象，降低检测效果。

（2）无法检测内部缺陷 只能检出零部件的表面开口缺陷，被污染物堵塞或经机械处理封闭的缺陷无法有效检出。

（3）难以定量评价 只能确定缺陷的表面分布，难以确定实际深度，无法对缺陷做出定量评价。

4. 分类

（1）按渗透剂和显像剂种类分类 可分为荧光法、着色法和荧光着色法三大类。

（2）按渗透液去除方式分类 可分为水洗型、后乳化型和溶剂去除型。

5. 操作程序

（1）预清洗 清除被检表面的焊渣、飞溅、铁锈及氧化皮等，清洗范围从检测部位四周向外扩展 25mm。

（2）施加渗透剂 渗透温度控制在 15～50℃，渗透时间一般不少于 10 分钟。

（3）去除 先用不易脱毛的布或纸擦拭，再用蘸过清洗剂的布或纸擦拭，注意不得往复擦拭或直接冲洗被检面。

（4）施加显像剂 显像剂在使用前应充分搅拌均匀，并施加均匀，显像时间一般不少于 7 分钟。

（5）干燥处理 采用热风或自然干燥，被检面温度不得大于 50℃，干燥时间通常为 5～10 分钟。

（6）观察与评定 在施加显像剂后 7～30 分钟内进行，确定是真缺陷还是假缺陷，必要时用低倍放大镜观察。

（7）后处理 清除残留的显像剂，防止腐蚀和对环境造成污染。

四、涡流检测

1. 基本原理 金属表面缺陷涡流检测主要利用电磁感应原理。当载有交变电流的试验线圈靠近金属时，线圈产生的磁场（原磁场）在金属表面感应产生涡流，涡流及其磁场（反作用磁场）同金属材料的电导率、磁导率、裂纹、几何形状和尺寸等有关。通过检测这些涡流的变化，可以得知金属材料（或零件）的几何尺寸、裂纹，以及与材料电导率、磁导率等有关的参量，如图 3－26 所示。

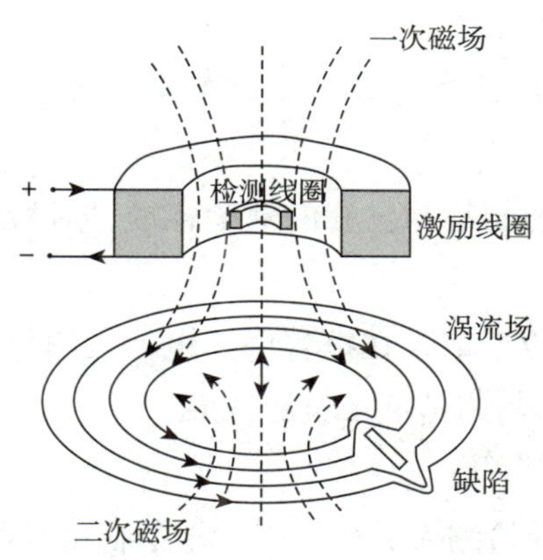

图 3-26　涡流检测技术的物理基础

2. 检测步骤

（1）确定检测目标　明确要检测的金属材料和受检区域。根据材料类型和受检部位的不同，选择合适的涡流探头和检测参数。

（2）表面处理　对受检表面进行清洁、脱脂等处理，以消除杂质干扰，确保涡流信号的清晰度。

（3）探头选择　根据被测材料的类型、形状和尺寸，选择适合的涡流探头。选用合适的频率和探头尺寸能够最大限度地提高检测的灵敏度。

（4）仪器选择　根据具体需求选择合适的涡流检测仪器。多功能仪器通常集成了数据采集、信号分析等功能。

（5）探头校准　将涡流探头放于校准块上进行校准，以确保探头对缺陷的检测能力和灵敏度达到要求。

（6）检测参数设置　根据受检材料和目标缺陷的特点，设置合适的检测参数，包括频率、增益、滤波器等。这些参数的设置直接影响检测结果的准确性。

（7）探头放置　将涡流探头按照设定的布置方式放置在受检材料表面或与之接触的介质上。通常情况下，探头与被测表面垂直保持一定距离，并保持平稳移动。

（8）数据采集　使用涡流检测仪器进行数据采集，记录下检测过程中的信号变化。对于大型结构，还需进行全面的扫描和数据采集，以获取更全面的信息。

（9）信号分析　对采集到的涡流信号进行分析，如幅度、相位、波形等。通过对信号的分析，可以识别出可能存在的缺陷。

（10）缺陷评估　根据涡流信号的特征和已知的缺陷标准，对检测结果进行评估。根据缺陷大小、深度等参数，确定缺陷的等级和性质。

（11）结果记录与报告　将检测结果记录在报告中，包括被测材料的相关信息、检测参数、发现的缺陷和评估结果等。报告应准确、清晰地展示检测结果，以便进一步的分析和决策。

3. 适用范围　涡流检测适用于小直径金属管材、棒材、丝材的表面和近表面裂纹检查，成批生产零件的质量控制，金属薄板、箔和金属表面防护层的厚度检测，以及飞机发动机外场维修时疲劳裂纹检查等。

4. 局限性　涡流检测不能用于非导电材料，对试样材质、形状和尺寸敏感，某些干扰因素不能同时排除，仅适于金属表面层的检查和分析，需要参考标准，设备和探头无通用性等。

5. 数据分析与结果评估

（1）信号分析　对采集到的涡流信号进行分析，包括幅度、相位、波形等，以识别可能存在的缺陷。

（2）缺陷评估　根据涡流信号的特征和已知的缺陷标准，对检测结果进行评估，确定缺陷的等级和性质。

（3）结果记录与报告　将检测结果记录在报告中，包括被测材料的相关信息、检测参数、发现的缺陷和评估结果等，确保报告准确、清晰地展示检测结果。

6. 注意事项

（1）在进行涡流检测时，应确保检测人员具备相应的专业知识和操作技能。

（2）对于不同类型的金属材料和涂层，可能需要采用不同的检测方法和参数，因此在实际操作中应根据具体情况进行选择和调整。

（3）涡流检测具有无需破坏试件、检测速度快、便于自动化等优点，但也可能受到一些因素的干扰，如材料表面的粗糙度、涂层等，因此在实际应用中需要综合考虑这些因素对检测结果的影响。

五、射线检测

射线检测是一种重要的无损检测技术，广泛应用于工业、医学等领域。其基本原理是利用射线穿透物体，根据射线的衰减情况来评估物体的内部结构和性质。以下是对射线检测的详细分析。

1. 射线检测的基本原理　X 线检测主要利用 X 线或 γ 射线的穿透能力，这些射线在穿透物体时与物质发生相互作用，导致射线强度衰减。这种衰减的程度取决于物质的密度、厚度以及成分等因素。当物体内部存在缺陷时，这些缺陷会导致射线强度的不均匀变化，这种变化可以通过适当的检测设备如胶片或数字探测器记录下来。例如，X 线检测能够穿透金属、塑料等材料，通过测量射线衰减程度来评估物体的内部缺陷和结构。

2. 射线检测的优点与局限性　射线检测技术以其非破坏性、直观的缺陷显示和高灵敏度而著称，能够有效地检测出气孔、夹渣等缺陷，且几乎适用于所有材料，如图 3－27 所示。然而，射线检测也存在一些局限性，例如对裂纹类缺陷的检出率受透照角度影响，且检测成本较高，操作复杂。此外，射线对人体有一定的危害，因此在检测过程中需要采取适当的防护措施。

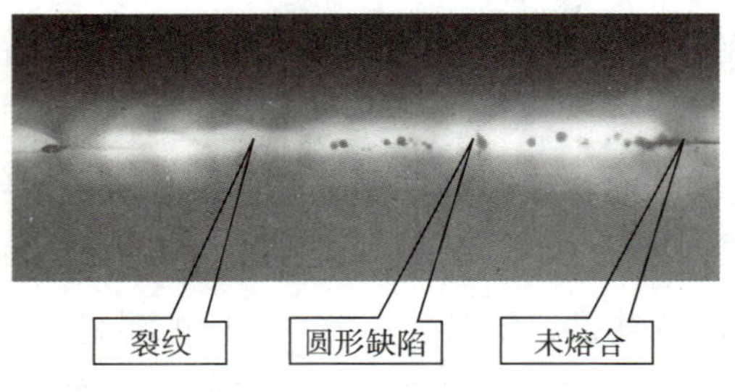

图 3－27　射线探伤－典型缺陷图

3. 射线检测技术的发展趋势　随着数字成像技术的进步，射线检测正朝着数字化和智能化方向发展。数字射线成像技术通过图像处理软件的应用，能够显著提高检测灵敏度和图像质量。例如，X 线数字成像技术已被广泛应用于埋弧焊管焊缝的检测，其灵敏度优于传统的图像增强器实时成像法。此外，智能化评定技术的应用进一步推动了射线检测的自动化和高效性，特别是在铸造行业中，射线数字成像技术正在逐步取代传统的胶片射线照相检测，实现了快速检测和自动化评定。

4. 射线检测技术的应用　射线检测技术在工业中有着广泛的应用，尤其在金属材料的质量控制和缺陷检测方面发挥了关键作用。该技术能够有效地检测铸件和焊缝中的体积性缺陷，如气孔和夹渣等，对这些缺陷的检出率较高。此外，射线检测在压力容器、管道等设备的无损检测中也具有重要作用，通过检测焊接缺陷和材料内部的宏观几何缺陷，确保设备的安全性和稳定性。例如，在石油化工建设工程中，射线检测被广泛应用于压力管道和容器的质量检测，能够及时发现并纠正施工和使用过程中的质量隐患，从而提升施工效率和安全系数。

知识链接

深度学习在缺陷检测中的应用

近年来，深度学习方法在金属表面缺陷检测领域获得了广泛的运用，主要依托于卷积神经网络（CNN），以及诸如 YOLO、SSD 和 Faster R－CNN 等目标检测算法。这些先进的算法通过自动提取特征，巧妙地规避了手动设计特征的繁杂过程，从而能够精准且高效地识别各类复杂的缺陷类型。

例如，改进的 YOLOv5 算法在金属表面缺陷检测中表现出色，通过采用空间金字塔池化（SPPCSPC）结构，有效提升了特征提取能力，从而显著提高了检测的精度与效率。实验结果表明，与原 YOLOv5 算法相比，改进算法在平均目标检测精度上提升了 2%。

答案解析

一、选择题

1. 下列属于动态试验法的硬度检测方法是（　）

A. 布氏硬度　　B. 洛氏硬度

C. 维氏硬度　　D. 里氏硬度

2. 原子吸收光谱法的基本原理是（　）

A. 利用气态原子吸收一定波长的光辐射

B. 利用气态原子发射一定波长的光辐射

C. 利用固态原子吸收一定波长的光辐射

D. 利用固态原子发射一定波长的光辐射

3. 金相检验中，主要用于分析材料晶体结构和晶体位向关系的技术是（　）

A. 显像技术　　B. 衍射技术

C. 微区成分分析技术　　D. 光学显微镜技术

4. 下列不属于金属疲劳试验常用试验方法的是（　）

A. 单点疲劳试验法　　B. 升降法

C. 高频振动试验法　　D. 静态拉伸试验法

5. 盐雾试验是一种用于评估产品或材料耐腐蚀性能的环境试验，其基本原理是（　）

A. 模拟海洋或含盐潮湿地区的盐雾环境

B. 模拟高温高压环境

C. 模拟强酸强碱环境

D. 模拟干燥环境

6. 下列不属于金属表面缺陷检测常用方法的是（　）

A. 磁粉检测　　B. 超声波检测

C. 渗透检测　　D. 电化学检测

二、思考题

1. 常用的金属硬度检测方法有哪些？
2. 简述原子吸收光谱法的基本原理。
3. 金属疲劳试验的主要方法有哪些？

书网融合……

本章小结

第四章　医用金属材料的表面改性及其应用

学习目标

1. **掌握**　医用金属材料的表面改性技术及其临床应用情况。

2. **熟悉**　典型医用金属材料的表面改性方法和应用场景。

3. **了解**　医用金属发展材料表面改性技术的发展历程，表面改性技术对医用金属材料发展的重要性。

4. 能用所学知识判别不同医用金属材料表面改性技术的区别；区分医用金属材料临床应用情况的特点。

5. 具备分析和使用不同医用金属材料表面改性技术的能力。

实例分析

实例　65岁的赵先生，因股骨头坏死需要进行全髋关节置换，医生考虑患者患有糖尿病（感染风险高），传统的植入体钛合金表面生物惰性，骨整合速度慢（术后3～6个月才能稳定），术后感染率1%～2%（糖尿病患者感染风险升至5%～7%），长期使用后金属离子释放可能引发炎症反应。于是，针对类似患者，委托X公司通过微弧氧化、纳米银负载、羟基磷灰石涂层等技术组合制作了一款更加适合赵先生的植入体，使赵先生更加顺利地完成了手术。

问题　1. X公司使用的技术一般被称作什么？

2. 这些技术分别起到了什么作用？

第一节　概　述

医用金属材料的表面改性是指通过各种物理、化学或生物方法改变金属材料表面的性质，以提高其在医疗应用中的性能和生物相容性。这种技术对于提升金属材料的耐磨性、耐腐蚀性以及赋予其新的性能至关重要，特别是在生物医学领域，如植入物和医疗器械等方面。

表面改性技术包括多种方法，如热喷涂、脉冲激光熔敷、离子溅射、喷砂法、电化学法和离子注入法等。这些方法各有特点，例如热喷涂是利用热源的火焰将喷涂材料加热熔融并喷向基体表面，形成结合层；脉冲激光熔敷是在低输出功率、高扫描速度的脉冲激光照射下，将涂敷材料融敷在基体表面；离子溅射则是以高速离子轰击靶材，使涂敷材料粉粒溅射并沉积在金属基体上。此外，还有电化学法和离子注入法等，这些方法能够在不改变金属基体表层化学组成的情况下，改善植入体的表面微观形貌，从而获得更好的植入效果。

医用金属材料的表面改性技术不仅提高了医疗器械的性能和使用寿命，还促进了生物医学材料的发展。这些技术的应用范围广泛，包括但不限于骨科植入物、牙科修复材料、心血管支架等。随着科技的进步，未来可能会有更多的创新表面改性技术应用于医用金属材料，进一步提升其在生物医学领域的应用潜力。本章将详细介绍阳极氧化技术、等离子喷涂技术、气相沉积技术、喷砂酸蚀技术，以及表面改性技术在骨科、口腔、心血管支架方面的应用。

第二节　阳极氧化技术

在医疗领域，阳极氧化技术常用于提高金属植入物的生物相容性和耐腐蚀性。例如，钛及钛合金由于其优异的生物相容性和力学性能，广泛用于骨科植入物。通过阳极氧化技术，可以在钛表面形成一层纳米级的氧化膜，这层氧化膜不仅可以进一步提高其耐腐蚀性，还可以通过控制氧化条件（如电压、电解液成分和温度）在其表面引入功能性基团，从而改善其生物活性。

一、医用金属材料阳极氧化工艺流程

阳极氧化是一种在金属表面形成氧化物膜的电化学方法，其工作原理如图 4－1 所示，被广泛应用于提高金属的耐蚀性、耐磨损性和装饰性。对于医用金属材料，阳极氧化工艺同样重要，因为它可以增强材料的生物相容性和表面特性。以下是医用金属材料阳极氧化的一般工艺流程。

1. 预处理阶段　预处理是阳极氧化工艺的第一步，主要包括清洗金属表面，去除油污和杂质，为后续的氧化过程做准备。通常采用酸性或碱性溶液进行清洗，以确保金属表面干净无污染。

2. 阳极氧化阶段　电解氧化是阳极氧化的核心步骤，通过控制电流密度、电解液温度和氧化时间等参数，可以在金属表面形成均匀、致密的氧化膜。对于医用金属材料，常用的电解液包括硫酸、草酸和枸橼酸等，这些电解液能够在金属表面形成具有良好生物相容性的氧化膜。

3. 后处理阶段　后处理包括清洗、封孔和着色等步骤，以进一步增强氧化膜的防护性能和美观度。封孔是通过将阳极氧化后的金属件在沸水或接近沸点的热水中处理一定时间，使氧化膜的孔隙封闭，从而提高其耐腐蚀性。着色则是通过将阳极氧化后的金属件浸入染色溶液中，使染料分子进入氧化膜的孔隙，赋予金属件特定的颜色。

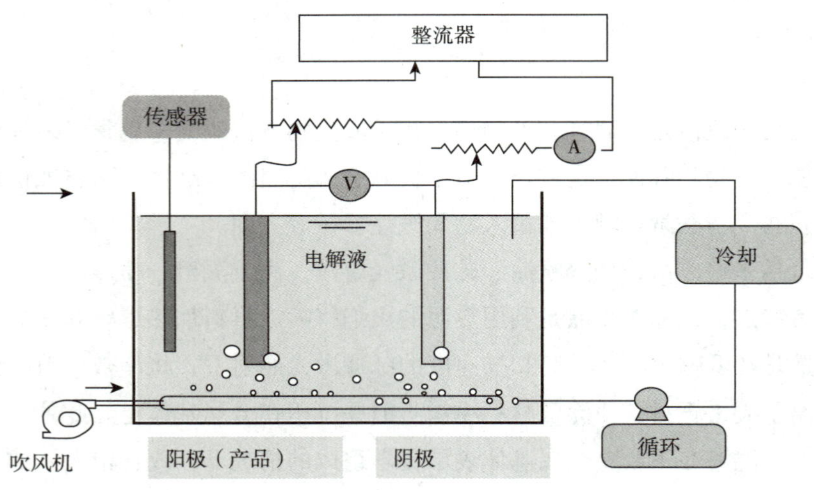

图 4－1　阳极氧化技术原理示意图

二、工艺参数对阳极氧化的影响

阳极氧化是一种在铝及其合金表面形成氧化膜的技术，其工艺参数对最终氧化膜的质量有着重要影响。以下是几个关键工艺参数及其对阳极氧化的影响。

1. 电压　阳极氧化电压决定了氧化膜的孔径大小。低压生成的膜孔径小，孔数多；而高压生成的膜孔径大，孔数小。在一定范围内，高压有利于生成致密、均匀的膜。通常维持恒定电压或阶梯式升压（如钛的阳极氧化电压可达60～120V）。

2. 电流密度　影响成膜速度和生产效率。较高的电流密度可以加快成膜速度，提高生产效率，但过高的电流密度可能导致工件烧伤。电流密度应控制在一定范围内，通常为1～20A/dm²，需根据材料调整（如钛合金常用5～10A/dm²），以避免这些问题。足够的搅拌有助于保持槽液温度的均匀和恒定，从而控制膜厚、膜层质量和着色均匀性。

3. 温度　阳极氧化过程中，温度是一个关键参数。温度的上升会导致膜层损失增加，成膜质量变差，膜的耐磨性下降。特别是对于较厚的膜层（如15μm以上），在空气中可能会出现“粉化”现象。因此，需要对槽液进行降温，以维持适宜的温度（控制在10～30℃，防止膜层过热溶解）。适当地升高温度可以减少氧化膜的重量，使膜变软但更光亮。然而，过高的温度会导致氧化膜外层膜孔径增大，封孔困难，并可能产生封孔“粉霜”现象。

4. 电解液浓度　电解液的种类和浓度对阳极氧化过程及氧化膜性能有显著影响。例如，硫酸（H_2SO_4）的浓度变化会影响氧化膜的阻挡层厚度（图4－2）、溶液的导电性、氧化膜的耐蚀性和耐磨性，以及后处理的封孔质量。不同的电解液体系（如硫酸、磷酸、草酸等）会导致生成不同类型的氧化膜，其性能也会有所不同。

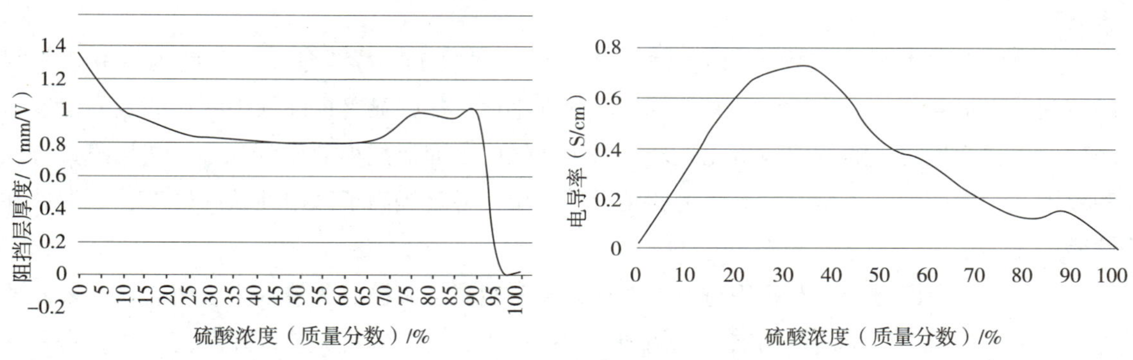

图4－2　硫酸浓度和阻挡层厚度的关系、硫酸浓度与电解液电导率的关系（纯铝99.99%，20℃，15V）

5. 杂质影响　电解液中的杂质，如铝离子（Al^{3+}），也会影响阳极氧化过程。铝离子含量升高会使电流密度下降，染色困难，但适量的铝含量（1～10g/L）对氧化膜厚度、耐蚀性和耐磨性有积极影响，然而，铝离子含量过高或铜、镍等杂质含量超标，会降低氧化膜的耐蚀性，可能导致盐雾试验不合格。

6. 搅拌速度　影响反应的均匀性，合适的搅拌有助于保持槽液温度的均匀和恒定，这对于控制膜厚、膜层质量和着色均匀性都有好处。

三、阳极氧化后医用金属材料性能研究

阳极氧化技术为医用金属材料的表面性能优化提供了有效手段。通过优化工艺参数，可以得到性能

优异的阳极氧化膜，显著提高医用金属材料的硬度、耐磨性和耐腐蚀性等性能，以下是几种对阳极氧化后医用金属材料性能进行测试的方式。

1. 表面形貌分析 通过扫描电子显微镜（SEM）观察阳极氧化后医用金属材料的表面形貌，可以分析氧化膜的微观结构、均匀性和致密性等特点。这些特性对于医用金属材料在医疗应用中的表现至关重要，例如良好的均匀性和致密性有助于提高其在体内的稳定性等。

2. 化学成分分析 利用X线光电子能谱（XPS）等技术对阳极氧化后的医用金属材料进行化学成分分析，从而了解氧化膜的化学组成及元素分布情况。例如医用纯钛阳极氧化后表面会形成富含钛氧化物的化学稳定层，提高了表面的化学稳定性，有利于提高其生物相容性等。

3. 性能测试

（1）硬度 阳极氧化后的医用金属材料硬度得到显著提高，这有助于提高医疗器械在使用过程中的耐磨性，减少磨损对器械性能的影响。

（2）耐磨性 耐磨性的提升可以延长医用器械的使用寿命，降低更换频率，减少患者的痛苦和医疗成本。

（3）耐腐蚀性 增强医用金属材料的耐腐蚀性，使其能够更好地在人体复杂的生理环境中保持性能稳定，避免因腐蚀而释放有害物质影响患者健康。

4. 生物相容性 氧化膜的生物相容性对于医用金属材料在医疗领域的应用至关重要。医用金属材料阳极氧化过程中形成的化学稳定层，不仅可以提高其化学稳定性，还有利于提高其生物相容性，并且氧化膜具有一定的生物活性，可以与周围的组织或液体发生一定的相互作用，这对于医用材料的性能优化具有重要意义。

四、医用金属材料阳极氧化技术的应用前景与挑战

1. 应用前景 医用纯钛因其优良的生物相容性、抗腐蚀性和力学性能，在医疗器械制造领域中具有广泛的应用。阳极氧化技术作为一种有效的表面处理手段，能够显著提高医用纯钛的表面性能，如硬度、耐磨性及生物活性等。通过阳极氧化处理，医用纯钛的表面形貌得到显著改善，氧化膜具有较好的均匀性和致密性，表面形成了富含钛氧化物的化学稳定层，显著提高了医用纯钛的硬度、耐磨性和耐腐蚀性等性能。

随着医疗技术的不断进步，对医用材料的要求也越来越高。阳极氧化技术为医用纯钛的表面性能优化提供了有效手段，具有广泛的应用前景。例如，它可以用于制造人工关节、牙科植入物、骨科固定板等医疗器材。

2. 挑战

（1）工艺参数的精确控制 工艺参数如电压、电流密度、温度和时间等对阳极氧化过程及氧化膜性能具有重要影响。然而，这些参数的选择和优化往往需要大量的实验和测试工作。

（2）设备投资成本较高 相关的阳极氧化设备需要投入较多资金。

（3）废水处理 阳极氧化过程中可能产生废水，废水的处理也是需要解决的问题。

此外，还需要进一步研究不同电解液和工艺参数对医用金属材料生物相容性的影响，开展医用金属材料阳极氧化膜的体内外生物相容性评价等工作。

第三节　等离子喷涂技术

等离子喷涂技术是一种先进的表面处理技术，它通过将工作气体加热至等离子态，利用高速等离子射流将粉末或丝材喷涂在基材表面，形成涂层。这种技术因其高能、高效的特点，在航空航天、机械、化工、冶金等领域得到了广泛应用。在医疗领域，等离子喷涂技术常用于在金属植入物表面涂覆一层生物相容性好的涂层，以增强其亲和力和耐用性。例如，等离子喷涂的钛合金涂层被广泛应用于牙科种植体、骨科植入物等医疗器械中，能够有效提高植入物的生物相容性和耐腐蚀性，减少患者的感染风险。

一、原理及特点

1. 工作原理　等离子喷涂技术是采用非转移型等离子弧为热源，喷涂材料为粉末的热喷涂方法（图4－3）。采用压缩电弧作为热源，工作气体为 Ar 或 N_2，再加入质量分数5%～10%的 H_2。工作气体进入电极腔的弧状区后，被压缩电弧加热离解成等离子体，其中心温度高达10000K以上，同时经孔道高压压缩后呈告诉等离子射流喷出。送粉气将粉末从喷嘴内（内送粉）或外（外送粉）送入等离子射流中，被加热到熔融或半熔融状态，并被等离子射流加速，以一定速度喷射到经预处理的基体表面形成涂层。常用的等离子气体有氩气、氢气、氦气、氮气或它们的混合物。

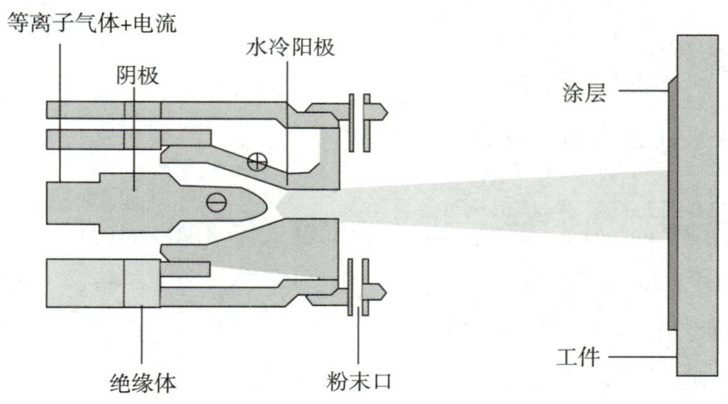

图4－3　等离子喷涂技术原理示意图

具体的工作流程如下。

（1）等离子体生成　在喷枪内，阴极（通常为钨电极）与阳极（铜喷嘴）间施加高压直流电，引发电弧。工作气体（如 Ar、N_2、H_2、He）通过电弧区时被电离，形成等离子体（温度可达10000～20000K），气体体积膨胀形成高速射流（可达超音速）。

（2）材料加热与加速　粉末材料由载气送入等离子射流，迅速熔融或半熔融，并在射流加速下达到高速（100～600m/s）。

（3）涂层形成　熔融颗粒撞击基体后扁平化，快速冷却凝固，逐层堆积形成致密涂层，与基体通过机械结合或微冶金结合。

2. 特点　等离子热喷涂技术与超音速热喷涂技术相比，其焰流温度非常高，喷嘴出口温度可达5000℃，但速度较低约为800m/s，并且由于没有拉瓦尔喷管及枪管的加速作用，金属粒子只能获得较低的速度，常规等离子喷涂技术的粒子速度仅为为200m/s左右。

由于等离子喷涂技术的功率低（40～60kW）、粒子速度低（150～250m/s），所制备涂层的结合强度（30～40MPa）、孔隙率（一般2%～5%）、耐磨性能、致密性等性能远低于超音速热喷涂。

此外，等离子喷涂技术还具有以下特点。

（1）可以获得各种性能的涂层　等离子喷涂的焰流温度很高，热量集中，能融化一切高熔点和高硬度的粉末材料，可以根据工件表面性能要求制备各种性能不同的涂层，如耐磨、耐热、耐腐蚀、隔热和绝缘涂层等。

（2）喷涂涂层组织结构致密，结合强度较高　由于等离子弧能量集中，焰流喷射速度高，能使粉末获得较大动能和较高温度，因此能获得致密度高、与基体结合性能良好的涂层。

（3）喷涂涂层平整、光滑，可精确控制　由于喷涂后的涂层平整、光滑、期厚度可精确控制，因此切削加工涂层时可直接采用精加工工序。

（4）等离子喷涂可获得氧化物含量少、杂质少、较纯洁的涂层　采用还原性气体（H_2）和惰性气体（Ar）作为工作气体，能可靠地保护工件表面和粉末不受氧化，适宜于喷涂易氧化的活性粉末材料，并且能够获得较纯洁的涂层。

（5）喷涂时工件热变形影响小，无组织变化　在等离子喷涂过程中，工件表面不带电，不熔化，加之粉末的喷射速度高，工件与喷枪的相对移动速度快，因此工件的热变形影响小，无组织结构变化。

（6）喷涂效率高　由于等离子喷涂的粉末具有高温、高速的特点，所以粉末的沉积率较高。采用高能等离子喷涂设备时，每小时可喷涂粉末高达8kg。

二、主要工艺参数

等离子喷涂技术的主要工艺参数及其影响如下。

1. 等离子气体

（1）气体种类　常用氩气（Ar）、氮气（N_2）或混合气体（如 Ar + H_2、Ar + He）。Ar 气稳定电弧，N_2或 H_2可提高热焓，适用于高熔点材料。

（2）气体流量　直接影响等离子焰流的温度、速度和稳定性。流量过高会降低粉末加热效率，过低则可能导致喷嘴烧蚀。典型流量范围为40～80L/min。

2. 电弧功率　电压与电流：功率由电弧电压和电流决定，通常为30～90kW。功率过高会导致材料过热氧化，过低则粉末熔化不足。需与送粉量匹配，确保粉末充分熔融。

3. 供粉参数

（1）送粉速度　需与功率匹配，过快会导致生粉末熔，过慢则粉末氧化严重。一般为50～100g/min，高能设备可达200g/min以上。

（2）送粉位置　粉末需注入焰心以获得最佳加热效果，常见径向或轴向送粉方式。

（3）载气流量　控制粉末输送稳定性，通常3～10L/min。

4. 喷涂距离与角度

（1）距离　喷枪到工件的距离一般为60～130mm。过近易导致基体氧化和热变形，过远则粉末冷却速度过快，影响结合强度。

（2）角度　喷枪与工件表面夹角应≥45°，避免“阴影效应”造成涂层疏松。

5. 喷枪移动速度　影响涂层厚度和均匀性，通常为50～2000mm/s。速度过快可能导致涂层过薄，过慢则局部温升过高。

6. 基体温度控制

（1）预热　喷涂前预热至 100～150℃，去除湿气并活化表面，减少涂层应力。

（2）冷却　喷涂过程中通过喷气冷却控制基体温度（通常≤200℃），防止热变形和组织变化。

7. 其他参数

（1）电极形状　影响电弧稳定性和寿命，需根据气体类型选择合适的阴极和喷嘴设计。

（2）后处理　如热处理、机械加工或封孔处理，可优化涂层密度和性能。

三、在医用金属材料中的应用

等离子喷涂技术在医用金属材料中的应用主要是为了改善金属材料的表面性能，从而提高医疗器械的使用寿命和安全性。例如，在人造骨骼的制造过程中，可以在其表面喷涂一层数十微米的涂层，以强化人造骨骼并加强其亲和力。这种涂层通常是由陶瓷、合金、金属等材料制成，通过等离子喷涂技术加热到熔融或半熔融状态，并以高速喷向经过预处理的工件表面，形成附着牢固的表面层。等离子喷涂在医用金属中的核心应用如下。

1. 骨科植入体表面改性

（1）涂层材料

1）羟基磷灰石（HA）：化学成分与天然骨矿物质［$Ca_{10}(PO_4)_6(OH)_2$］一致，促进成骨细胞黏附与矿化。

2）生物活性玻璃：含 SiO_2、CaO 等成分，可诱导羟基磷灰石原位生成。

3）钛合金颗粒：通过机械嵌合增强涂层与基体结合力。

（2）典型应用　髋关节假体柄部喷涂 HA 涂层，加速骨整合（临床数据显示骨长入时间从 6～12 周缩短至 4～8 周）。

3D 打印多孔钛合金椎间融合器表面喷涂 HA，提升界面稳定性。

2. 牙科种植体优化

（1）涂层设计　大颗粒喷砂（如 Al_2O_3）结合 HA 喷涂，形成分级粗糙结构（$Ra = 1.5 \sim 3.0\mu m$）；掺杂锶（Sr）、镁（Mg）等元素的 HA 涂层，增强成骨基因表达。

（2）临床优势　降低种植体周围炎发生率（从 8% 降至 3% 以下），缩短修复周期。

3. 抗菌与功能涂层

（1）抗菌机制

1）银（Ag）离子释放：通过破坏细菌细胞膜抑制生物膜形成。

2）铜（Cu）掺杂：诱导细菌 DNA 损伤。

（2）复合涂层　HA/Ag－TiO_2 双层结构，兼顾骨诱导与抗菌性能。

四、在医用金属材料表面处理中的优势

等离子喷涂技术的优势在于涂层质量好、结合强度高、涂层厚度可控、喷涂速度快等。此外，该技术还可以实现多层涂层的喷涂，以满足不同应用场景对材料性能的需求。等离子喷涂技术的这些优点使其成为医用金属材料表面处理的理想选择。等离子喷涂技术在医用金属材料中的应用主要体现在改善金属材料的表面性能，如提高耐磨性、耐蚀性、生物相容性等，以满足医疗植入物等高端

应用的需求。

1. 提高生物相容性 等离子喷涂技术可以用于在金属植入物表面喷涂一层生物相容性好的涂层，如钛合金涂层。这种涂层能够增强植入物的亲和力，促进组织的整合，减少排斥反应，从而提高生物相容性。

2. 增强耐腐蚀性 在医疗环境中，金属植入物长期暴露于体液中，容易发生腐蚀。等离子喷涂技术可以在金属表面形成一层致密且均匀的保护层，能有效防止腐蚀的发生，延长植入物的使用寿命。

3. 高质量的涂层 等离子喷涂工艺参数可定量控制，工艺稳定，涂层重现性好。熔态粒子的速度可达180～480m/s甚至更高，远高于其他喷涂方法。这使得涂层致密，结合强度高，通常等离子喷涂涂层与基体金属的正常结合强度为30～70MPa，而其他方法如氧乙炔火焰喷涂的正常结合强度仅为5～20MPa。

4. 涂层种类多样 由于等离子火焰的高温，各种喷涂材料都可以加热到熔融状态。因此，等离子喷涂可采用多种材料，并可获得各种性能的喷涂层，如耐磨涂层、隔热涂层、高温抗氧化涂层、绝缘涂层等。这对于满足不同医疗应用对材料性能的特殊要求非常有利。

5. 适用性强 等离子喷涂技术适用于各种形状和尺寸的金属零件，不受零件尺寸的限制。这对于复杂形状的医疗植入物来说尤为重要，因为它们往往需要精确的表面处理来确保最佳的性能。

6. 快速喷涂 等离子喷涂技术的喷涂速度快，能够在短时间内完成大面积的涂层喷涂。这对于大规模生产医疗植入物具有重要意义，可以提高生产效率，降低成本。

第四节 气相沉积技术

气相沉积技术在医用金属材料的制造中扮演着重要角色，特别是在制备具有特殊性能的涂层方面。气相沉积技术是一种通过物理或化学方法，将气体中的原子或分子沉积在基材表面的技术。这种技术可以用来制备各种高性能的涂层，如陶瓷涂层、金属涂层等，这些涂层具有优异的耐磨、耐腐蚀、抗氧化等性能。

一、化学气相沉积

CVD技术在医用金属材料的表面改性和功能化方面具有重要应用价值。通过CVD技术，可以在金属材料表面沉积一层具有特定功能的薄膜，从而提高金属材料在医疗设备中的性能和使用寿命。了解CVD的原理、结构、操作流程及其在医学领域的应用，对于推动医用金属材料的发展具有重要意义。

1. 基本原理 CVD（化学气相沉积）是一种气相物质在高温下通过化学反应生成固体物质并沉积在基板上的成膜方法（图4－4）。具体而言，挥发性的金属卤化物和金属有机化合物等与H_2，Ar或N_2等载气混合后，均匀送到反应室的高温基板上，通过热解、还原、氧化、水解、歧化、聚合等化学反应生成所需物质并沉积在基板上。在医用金属材料领域，同样遵循这样的基本原理，通过选择合适的反应前驱体气体，在金属材料表面发生反应，形成具有特定性能的涂层等。

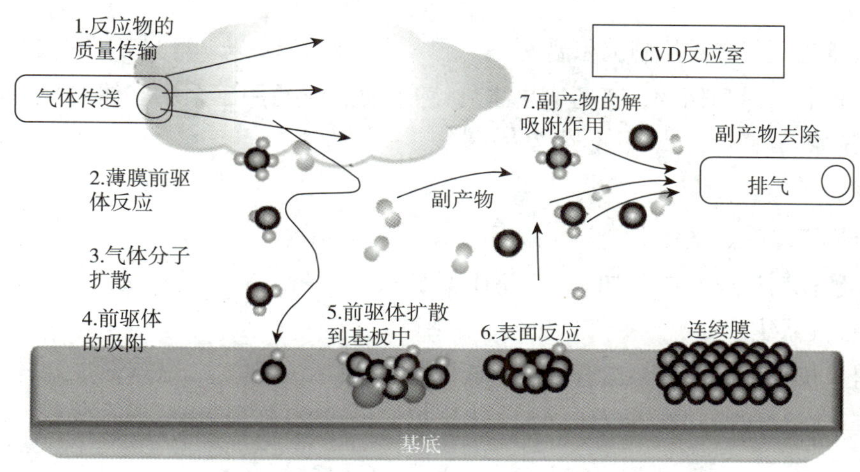

图 4－4　CVD 工艺流程示意图

2. 反应过程阶段

（1）扩散阶段　反应气体向医用金属材料表面扩散。这一过程确保反应气体能够到达金属材料的表面，为后续的反应做准备。

（2）吸附阶段　到达医用金属材料表面的反应气体被吸附在表面。吸附作用是反应进行的关键步骤，使得反应气体能够在金属表面稳定存在以便发生化学反应。

（3）化学反应阶段　被吸附的气体在医用金属材料表面发生化学反应，生成目标产物。例如在制备医用金属材料的仿生涂层时，反应气体之间相互作用，生成如生物陶瓷等物质并沉积在金属表面。

（4）脱附阶段　反应生成的气态副产物从医用金属材料表面脱离，使得反应能够持续进行，并且保证沉积的物质是所需的固态产物。

3. CVD 设备结构　CVD 设备通过气态反应物在基体表面的化学反应实现薄膜沉积，其核心结构包括五大系统，如图 4－5 所示。

图 4－5　CVD 设备

（1）反应室

1）功能：提供化学反应的密闭空间，需耐受高温（500～1500℃）和真空环境（10^{-4}～10^{2}Pa）。

2）类型：管式炉：水平或垂直石英管，适用于半导体衬底（如硅片）的批量处理；平板式反应器：平行板电极结构（上极板加热，下极板通气体），典型用于 PECVD（等离子增强 CVD）。

（2）加热系统

1）作用：激活化学反应，控制沉积温度。

2）技术：电阻加热（如钼丝、石墨加热体）；感应加热（适用于金属基体）；红外加热（快速升/降温，如 RTP 系统）。

（3）气路系统

1）组成：质量流量计、气体混合室、阀门。

2）功能：精确控制反应气体（如 SiH_4、NH_3）和载气（Ar、N_2）的流量比例，确保均匀混合。

（4）真空与排气系统

1）真空泵组：机械泵 + 分子泵组合，维持低气压环境；

2）尾气处理：过滤或中和有毒气体（如 PH_3、BCl_3），符合环保要求。

（5）控制系统

1）PLC 或计算机：实时监控温度、压力、气体流量等参数。

2）数据记录：存储工艺曲线，便于质量追溯。

CVD（化学气相沉积）设备根据工艺条件和技术特点可分为以下主要类型，见表 4-1。

表 4-1　CVD 典型设备类型与差异

类型	结构特点	应用场景
APCVD	常压反应，开放式结构	早期 SiO_2 绝缘层沉积
LPCVD	低气压（0.1～10Torr），管式炉	多晶硅、氮化硅薄膜
PECVD	平行板电极 + 射频电源，低温（200～400℃）	太阳能电池减反膜、LED 蓝宝石衬底
MPCVD	微波激发等离子体，无电极污染	金刚石单晶生长

Ⅰ. 常压化学气相沉积（APCVD）

核心特点：在常压或接近常压环境下进行，结构简单（如开放式管式炉）。

应用场景：早期半导体工艺中制备 SiO_2 绝缘层，适合对均匀性要求较低的场景。

Ⅱ. 低压化学气相沉积（LPCVD）

核心特点：在低气压（0.1～10Torr）下运行，管式炉结构，沉积速率低但均匀性高。

应用场景：多晶硅、氮化硅薄膜的制备，广泛用于集成电路制造。

Ⅲ. 等离子增强化学气相沉积（PECVD）

核心特点：通过射频电源激发等离子体降低反应温度（200～400℃），平行板电极结构。

应用场景：太阳能电池减反膜、LED 蓝宝石衬底处理、柔性电子器件的低温沉积。

Ⅳ. 微波等离子体化学气相沉积（MPCVD）

核心特点：利用微波激发等离子体，无电极污染，可实现高纯度、高质量薄膜。

应用场景：金刚石单晶生长、碳基材料（如石墨烯）的制备。

4. CVD 操作流程　主要包括以下几个步骤。

（1）预处理　清洗基体，去除表面杂质，以保证薄膜的质量。

（2）加热　启动加热系统，将基体加热至所需温度。

（3）通气　打开气路系统，将反应物和载气通入反应室。

（4）沉积　在加热和通气的条件下，反应物在基体表面发生化学反应，逐渐沉积成膜。

（5）冷却与取出 待沉积完成后，关闭加热系统，使基体自然冷却至室温，然后取出基体。

二、物理气相沉积

PVD 气相沉积技术通过在真空条件下，采用物理方法将材料源气化并在基底表面沉积，形成具有特殊性能的薄膜，广泛应用于医用金属材料的表面改性，以提高其性能和使用寿命。

1. 基本原理 物理气相沉积（physical vapor deposition，PVD）是一种在真空条件下，采用物理方法将材料源——固体或液体表面气化成气态原子、分子或离子，然后这些粒子在基底表面沉积形成薄膜的技术（图 4-6）。PVD 技术因其能够在低温下操作，且能够沉积出具有优异性能的涂层，如高硬度、低摩擦系数、耐腐蚀等，因此在医用金属材料的表面改性中得到了广泛应用。

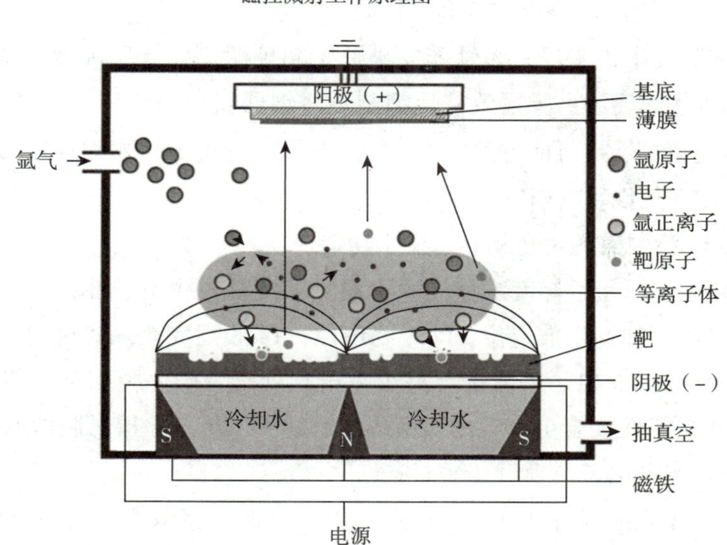

图 4-6 PVD 工艺原理示意图

PVD 技术的基本原理可以分为以下几个步骤。

（1）镀料的气化 这是指将固体材料转变为气态的过程。在 PVD 过程中，可以通过加热、电子束轰击、溅射等方式实现镀料的气化。

（2）粒子的传输 气化的镀料粒子在真空环境中传输，由于真空环境的低压力，这些粒子能够直线运动到达基底表面。

（3）粒子的沉积 当气态的镀料粒子到达基底表面时，它们会冷却并重新凝结，形成一层薄膜。在这个过程中，粒子可能会受到电场或磁场的影响，进一步影响沉积的特性和质量。

2. PVD 技术的具体方法 PVD 技术包括多种具体的方法，每种方法都有其独特的特点和适用范围。以下是几种常见的 PVD 方法。

（1）真空蒸镀 在真空条件下，通过加热使镀料蒸发，然后直接在基底表面形成沉积层。这种方法适用于透镜和反射镜等光学元件的表面镀膜。

（2）溅射镀膜 不采用蒸发技术，而是通过离子轰击靶材，使靶材表面的原子溅射出来并在基底表面沉积。溅射镀膜可以沉积各种导电材料，包括高熔点金属及化合物。

（3）离子镀 结合了辉光放电、等离子技术和真空蒸镀技术，通过气体放电使气体或被蒸发物质离子化，然后在电场作用下轰击工件表面，使镀料沉积在工件上。离子镀具有膜层附着力强、绕射性好、可镀材料广泛等优点。

3. PVD 技术在医用金属材料中的应用 PVD 技术在医用金属材料中的典型应用案例覆盖骨科、心血管、口腔等领域，通过表面改性显著提升器械性能。结合最新研究和行业实践，列举四大类典型应用。

（1）骨科植入物 Zr/ZrN 多层涂层提升长效安全性

安徽工业大学团队针对钛合金植入体的腐蚀磨损问题，开发了 Zr/ZrN 多层 PVD 涂层技术。该涂层通过交替沉积金属 Zr 层与 ZrN 层，形成梯度结构。Zr 层优先氧化生成致密 ZrO_2 钝化膜，阻挡体液渗透。多层结构抑制裂纹扩展，在模拟人体溶液中磨损率降低 40%。涂层无细胞毒性，促进成骨细胞黏附。该技术已应用于人工关节、骨钉等产品，显著延长植入体寿命，减少翻修风险。

（2）手术器械 PVD 金刚石涂层突破锋利度极限

采用 PVD 金刚石镀膜技术，实现三大性能突破。①超硬耐磨：涂层硬度达 2000HV 以上，刃口保持锋利度提升 3 倍。②抗氧化腐蚀：膜层致密性抑制不锈钢器械在湿热环境中的锈蚀。③无销钉设计：结合榫卯结构，避免传统销钉连接可能导致的术中脱落风险。该涂层手术刀、剪刀等高频使用器械的使用寿命提高至普通器械的 5 倍以上。

（3）心血管支架 Ta 涂层兼顾生物相容与显影功能

钽（Ta）涂层 PVD 工艺，通过梯度沉积技术实现。①具有射线不透性：钽的高密度特性使支架在 X 线和 CT 影像中清晰显影，辅助精准定位。②生物惰性：Ta 膜层完全隔离金属基材与血液接触，离子释放量降低 99%。③高结合力：电子束清洗与离子轰击预处理，确保膜层与钴铬合金基材的结合强度 >50MPa。该技术已用于可降解镁合金支架的表面改性，解决了传统涂层易脱落的难题。

（4）牙科种植体 DLC 复合涂层优化摩擦性能

通过碳基纳米结构设计类金刚石（DLC）涂层。①具有低摩擦系数：膜层摩擦系数 <0.1，减少种植体与骨组织的机械磨损。②抗菌特性：掺杂银离子的 DLC 涂层可抑制牙龈卟啉单胞菌等致病菌黏附。③美学效果：黑色涂层避免金属反光，提升义齿修复的美观性。临床数据显示，该涂层种植体的骨结合时间缩短 20%，术后感染率下降 60%。

三、气相沉积技术的优势

气相沉积技术（CVD）在医用金属材料的制备中展现出显著的优势，特别是在制备具有特定结构和性能的植入材料方面。以下是该技术的一些主要优势。

1. 高精度和高质量的薄膜制备 气相沉积技术能够实现高精度和高质量的薄膜制备。这种技术通过化学反应将气体中的原子或分子在基体材料表面合成固态薄膜，从而形成具有特定性能的涂层。例如，化学气相沉积（CVD）可以用于沉积氮化硅膜（Si_3N_4），这是一种在半导体工业中广泛应用的技术。

2. 控制孔隙率和孔隙形状 对于医用植入材料，孔隙率和孔隙形状是决定植入物成功与否的重要因素。气相沉积技术允许精确控制孔隙率和孔隙形状，这对于促进骨长入和提高植入物的生物相容性至关重要。例如，通过控制化学气相沉积过程中的反应气体浓度、沉积温度及反应时间等参数，可以制备出具有高孔隙率和规则孔隙形状的多孔钽金属材料。

3. 提升材料的力学性能 气相沉积技术可以制备出具有优异力学性能的医用金属材料。例如，通过化学气相沉积方法制备的多孔钽金属材料，其钽金属涂层致密，厚度适中，能够满足作为医用植入物的硬度以及生物相容性条件。这种材料的孔隙率高达70%，弹性模量约为30GPa，与人体骨骼的力学性能相近，因此可以作为永久植入材料应用于人体负重骨或非负重部位。

4. 适用性强　气相沉积技术不仅适用于钽金属，还可以在其他金属或非金属材料的零部件上沉积金属钽。这使得该技术在制备不同类型的医用植入材料时具有很强的适用性。

5. 生物相容性和安全性　医用金属材料需要具备良好的生物相容性和安全性。气相沉积技术可以制备出无细胞毒性的植入材料，确保植入物在体内的长期稳定性和安全性。例如，多孔钽金属材料由于其优异的生物相容性，已成为制作外科植入物的理想材料。

四、气相沉积技术的挑战

医用金属材料气相沉积技术在生物医学工程领域有着广泛的应用，特别是在制造骨科植入物方面。然而，这项技术也面临着一些挑战，主要包括材料的加工难度、成本控制，以及对植入物性能的要求等。

1. 材料的加工难度　气相沉积技术要求材料具有特定的物理和生物性能，例如耐高温、与植入环境相适应的力学性能及无细胞毒性。对于医用多孔钽金属材料来说，制备孔隙率大、孔隙形状规则均匀、孔隙联通率高的植入材料是一个重要的研发目标。这不仅需要精确控制沉积过程中的参数，还需要选择合适的支架材料，如多孔碳化硅或多孔硅材料。

2. 成本控制　尽管气相沉积技术可以制备出具有良好生物相容性和稳定性的医用金属材料，但该过程可能较为复杂且成本较高。例如，化学气相沉积法虽然可以制备多孔钽金属，但镀钽涂层通常厚度有限，降低了产品的力学性能。此外，控制化学气相沉积过程中反应气体浓度、沉积温度及反应时间等参数也需要精密的设备和技术，这可能会增加生产成本。

3. 对植入物性能的要求　医用植入物需要满足严格的性能要求，包括足够的机械强度、适当的孔隙率和孔径大小以促进骨长入等。例如，理想的医用多孔钽金属材料应具有高孔隙率（70%）、弹性模量（30Gpa）以及适当的孔径（200～400μm），以模拟人体骨骼的力学性能。这些性能要求对气相沉积技术提出了挑战，需要在沉积过程中精确控制各种参数以达到预期的效果。

第五节　喷砂酸蚀技术

喷砂酸蚀技术是一种结合了物理和化学方法的表面处理技术，主要用于改善医用金属材料的表面特性，以提高其生物相容性和功能性。该技术首先通过高速喷砂在材料表面形成微小的凹陷和突起，随后进行酸蚀处理，进一步细化表面结构。这种微粗糙的表面能够增加与周围组织的接触面积，促进骨组织的生长和再生，从而提高植入体的稳定性和生物相容性。

一、基本原理

1. 物理喷砂过程　喷砂工艺前处理阶段：是指对于工件在被喷涂、喷镀保护层之前，工件表面均应进行的处理。喷砂工艺前处理的质量，影响着涂层的附着力、外观、涂层的耐潮湿及耐腐蚀等方面。前处理工作做得不好，锈蚀仍会在涂层下继续蔓延，使涂层成片脱落。经过认真清理的表面和一般简单清理的工件，用暴晒法进行涂层比较，寿命可相差4～5倍。表面清理的方法很多，但被接受最普遍的方法是：溶剂清理、酸洗、手动工具、动力工具。

喷砂工艺是采用压缩空气为动力形成高速喷射束，将喷料等高速喷射到需处理工件表面，使工件外表面的外表发生变化，由于磨料对工件表面的冲击和切削作用，使工件表面获得一定的清洁度和不同的粗糙度，使工件表面的机械性能得到改善。

在喷砂过程中，使用高速气流将磨料（如三氧化铝）喷射到金属表面，形成均匀的微粗糙结构。这个过程能够在材料表面创建微米级的凹凸不平，从而增加表面的表面积和粗糙度。这种物理改性方法有助于增强材料与生物组织之间的相互作用，促进细胞附着和生长。图4－7是几种常用的喷砂机。

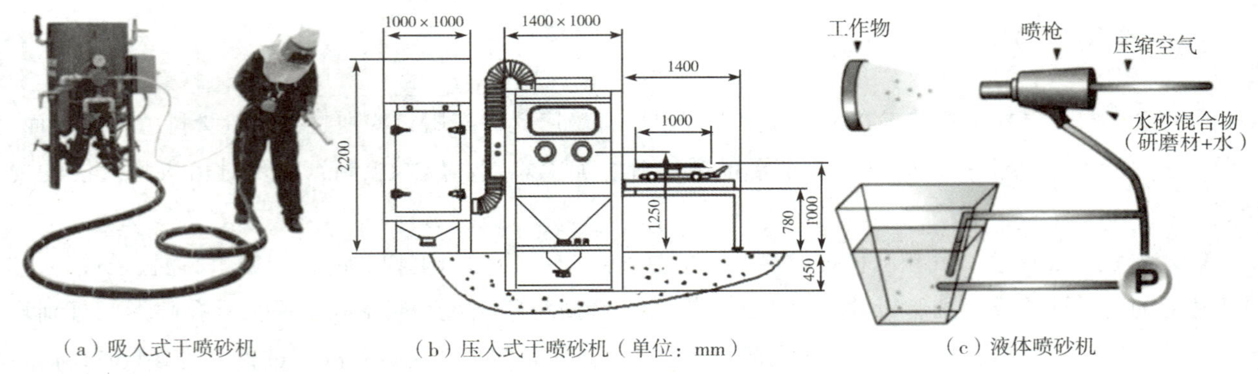

图4－7　常用喷砂机

2. 化学酸蚀过程　酸蚀处理通常在喷砂之后进行，目的是进一步优化表面结构。通过使用特定的酸性溶液，可以去除喷砂过程中产生的微小尖锐边缘，使得表面更加平滑且具有适当的粗糙度。酸蚀处理还可以引入一些化学基团，这些基团可以与生物分子发生反应，进一步提高材料的生物相容性。

二、关键参数

1. 喷砂处理（机械粗化）

（1）作用机制　利用高速气流（压缩空气或惰性气体）喷射固体颗粒（如氧化铝、石英砂，粒径50～250μm），通过颗粒的冲击和磨削作用，在材料表面形成微米级凹凸结构。

（2）关键参数。

（3）颗粒硬度　氧化铝（莫氏硬度9级）用于硬质材料（钛合金）。

（4）喷射压力　0.2～0.8MPa，控制粗糙度（Ra＝1～5μm）。

（5）处理时间　30秒～2分钟，调节表面坑洞密度。

（6）效果　显著增加表面积（比光滑表面大3～10倍），形成机械锚定结构，为后续酸蚀提供微观通道。

2. 化学酸蚀：纳米级蚀刻与化学改性

（1）选择性溶解机制　酸性溶液（如 $HCl-H_2SO_4$、$HF-HNO_3$）通过以下作用蚀刻表面。

1）晶界优先腐蚀：酸液沿金属晶界渗透，溶解晶界处的第二相（如钛合金中的α/β相界面）。

2）点蚀与沟槽扩展：表面缺陷（位错、微裂纹）处形成腐蚀坑，逐步扩展为纳米级孔隙。

3）氧化层去除：溶解原生氧化膜（如 TiO_2），露出活性金属基体。

表 4-2　典型蚀刻体系

材料	酸液配方	工艺条件	蚀刻效果
钛合金	HCl：H_2SO_4 =3：1（体积比）	60~80℃，10~30 分钟	形成多孔 TiO_2 纳米结构
不锈钢	HNO_3：HF =5：1（体积比）	室温，5~15 分钟	晶界蚀刻 + 表面羟基化
钴铬合金	H_2SO_4：H_2O_2 =1：1（体积比）	40℃，5~20 分钟	去除碳化物，形成 Cr_2O_3 层

（2）化学与物理改性

1）成分改变：形成氧化物/氢氧化物（如 $TiO_2 \cdot nH_2O$）或金属盐（如 $FeSO_4$）。

2）亲水性提升：引入—OH、—COOH 基团，接触角从 80°~100°降至 20°~40°。

3）残余应力调控：酸蚀溶解表面应变层，降低喷砂引起的残余拉应力。

三、在医用金属材料中的应用

喷砂酸蚀技术通过机械粗化与化学蚀刻的协同作用，在医用金属表面构建多级微纳结构并调控化学活性，显著提升材料的生物相容性、骨整合能力及抗腐蚀性能。以下简述几个典型应用场景、作用机制及临床价值。

1. 钛合金植入物（种植牙、骨科假体）

（1）关键问题　钛合金表面惰性，需通过表面改性促进骨细胞黏附与骨整合。

（2）喷砂阶段　110μm Al_2O_3颗粒（0.5MPa）形成微米级沟槽（深度 15~20μm），表面积扩大 4~6 倍。

（3）酸蚀阶段　HCl-H_2SO_4溶液（70℃，20 分钟）蚀刻晶界，形成 200~500nm 纳米孔，表面 TiO_2层羟基化（—OH 密度增加 3 倍）。

（4）效果提升

1）粗糙度：Ra =2.5~3.5μm，Rz =15~20μm，模拟天然骨小梁结构。

2）成骨细胞早期黏附量（24 小时）提升 2.3 倍，碱性磷酸酶（ALP）活性增加 40%。

（5）临床案例　Straumann®骨水平种植体采用喷砂酸蚀（SLA）表面，3 个月骨结合率达 98%，初期稳定性提升 30%。

2. 不锈钢心血管支架

（1）关键问题　不锈钢表面易引发血小板聚集，需抑制血栓形成并促进内皮化。

技术应用：喷砂酸蚀技术用于不锈钢表面抑制血小板聚集。

（2）喷砂　50μm 玻璃珠（0.3MPa）去除轧制氧化皮，形成均匀微米凹坑。

（3）酸蚀　HNO_3-HF 溶液（室温，10 分钟）蚀刻晶界，形成纳米级羟基化膜（$Fe_3O_4 \cdot nH_2O$）。

（4）效果提升

1）表面接触角从 85°降至 25°，亲水性增强。

2）纤维蛋白原吸附量减少 50%，血小板黏附率下降 70%。

（5）动物实验　兔颈动脉支架植入后，7 天内皮覆盖率从光滑表面的 30% 提升至 65%。

3. 钴铬合金骨科内固定器械

（1）关键问题　钴铬合金耐磨性不足，析出 Cr^{6+}引发炎症反应。

（2）技术应用

1）喷砂：80μm TiO_2颗粒（0.6MPa）减少表面加工硬化层。

2）酸蚀：$H_2SO_4-H_2O_2$溶液（40℃，15 分钟）选择性溶解碳化物，形成致密 Cr_2O_3层（厚度 0 ~ 15nm）。

（3）效果提升　腐蚀电流密度从 1.2μA/cm^2降至 0.3μA/cm^2（ASTM F75 标准测试）；巨噬细胞炎症因子（TNF－α）分泌量减少 60%，异物巨细胞反应降低。

（4）临床应用　钴铬合金髓内钉经喷砂酸蚀处理后，5 年无菌性松动率从 4.2% 降至 1.1%。

四、在金属材料处理中的优势

喷砂酸蚀技术在医用金属材料处理中具有显著的优势，尤其在提高生物相容性、促进骨结合、增强表面亲水性和提供二级粗糙度方面表现突出，因此在临床上得到了广泛的应用和认可。

1. 改善生物相容性和骨结合能力　喷砂酸蚀技术能够显著提高医用金属材料的生物相容性。通过喷砂处理，可以在材料表面形成大孔坑，这些孔坑有利于成骨细胞的附着，进而促进骨结合。酸蚀处理则进一步在表面形成微孔，刺激成骨细胞的增殖分化，从而有利于骨结合的形成。

2. 提升表面机械生物相容性　喷砂酸蚀处理后的表面具有良好的机械生物相容性，这意味着材料表面不仅能够承受生物体内的力学载荷，还能够与生物组织良好地相互作用，减少排斥反应，提高植入物的长期稳定性。

3. 增强表面亲水性　酸蚀处理能够增加医用金属材料表面的亲水性，这对于细胞的附着和生长是非常有利的。亲水性表面有助于提高种植体的生物效能，加快骨愈合时间。

4. 提供二级粗糙度　喷砂酸蚀处理能够形成二级粗糙度，即大颗粒喷砂形成的宏观粗糙度和酸蚀后形成的微观粗糙度。这种双重粗糙度结构能够更好地模拟骨陷窝，进一步促进成骨细胞的附着和增殖，有利于骨结合的形成。

第六节　表面改性技术的临床应用

表面改性技术通过物理、化学或生物手段调控材料表面的物理化学性质（如粗糙度、润湿性、电荷分布）和生物功能（如细胞黏附、抗菌性），是提升医用器械生物相容性、功能性和耐久性的核心技术。据统计，全球 80% 以上的植入器械需经过表面改性处理。接下来从骨科、牙科、心血管、软组织修复等领域，系统阐述其临床应用。

一、骨科植入物的表面改性

1. 骨结合促进技术　钛及钛合金是骨科植入物的主流材料，但其生物惰性限制了骨整合效率。表面改性技术通过以下方式优化。

（1）羟基磷灰石（HA）涂层　等离子喷涂 HA（厚度 50 ~ 150μm）模拟天然骨矿物质，显著提升成骨细胞黏附，如图 4－8 所示。临床数据（$N=500$）显示，HA 涂层髋关节假体 5 年存活率达 98.7%，优于无涂层组（92.3%）。

（2）微纳结构设计　激光蚀刻或电化学阳极氧化制备纳米管阵列（管径 50 ~ 200nm），增加表面积

3～5倍，促进蛋白质吸附和细胞分化，纳米结构化钛钉的骨结合速度加快40%。

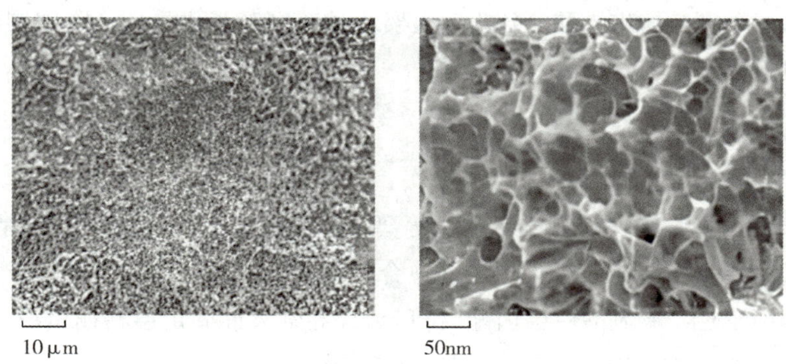

图4－8　羟基磷灰石（HA）涂层表面扫描电镜图

2. 抗菌改性　植入物感染（发生率1%～5%）是术后主要并发症。表面负载抗菌剂（如银离子、抗生素）或构建抗菌涂层（如聚己内酯/万古霉素复合膜）成为研究热点。例如，含银纳米颗粒的钛表面可抑制99%以上的金黄色葡萄球菌，临床感染率可降至0.8%。

二、牙科修复体的表面改性

1. 牙种植体的骨整合优化

商业种植体的的表面改性普遍采用喷砂酸蚀（SLA）技术，粗糙度Ra＝1.5～3.0μm，可促进早期骨结合。最新技术包括如下。

（1）仿生矿化涂层　仿生沉积含氟HA，增强抗腐蚀性和抗菌性。

（2）生物活性分子固定　通过多巴胺涂层共价结合骨形态发生蛋白（BMP－2），局部浓度提升5倍，加速种植体周围骨再生。

2. 义齿材料的表面处理　树脂基义齿易滋生菌斑，表面改性方法如下。

（1）纳米TiO_2涂层　紫外线激发下产生羟基自由基，抗菌率>95%。

（2）超疏水涂层　氟硅烷处理降低表面能（接触角>150°），如图4－9所示，减少食物残渣吸附。

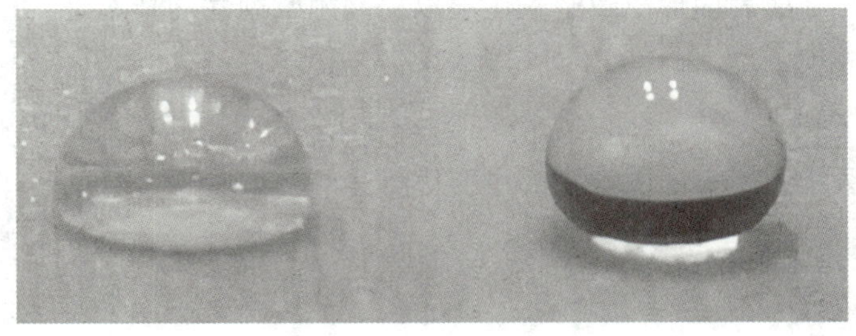

图4－9　氟硅烷处理前后水滴照片

三、心血管器械的表面改性

1. 抗血栓与抗钙化设计

（1）肝素涂层　共价固定肝素于心血管支架表面，抑制血小板黏附，急性血栓发生率从5%降至1.2%。

（2）内皮化促进　固定血管内皮生长因子（VEGF），支架表面7天形成完整内皮层，显著降低再狭窄率。

2. 可降解支架的表面调控 聚乳酸（PLA）支架通过表面羟基化处理，降解周期从 18 个月缩短至 12 个月，同时保持机械强度。

四、软组织修复与再生

1. 人工皮肤的表面优化 硅胶人工皮肤经氧等离子体处理后，表面引入羟基基团，促进成纤维细胞黏附。临床实验（$N=100$）显示，改性组创面愈合时间缩短 3 天。

2. 神经导管的表面改性 聚乳酸－己内酯（PLGA）导管表面固定层粘连蛋白（LN），引导神经轴突定向生长，大鼠坐骨神经修复实验中，再生速度提升 60%。

五、其他临床应用

1. 药物缓释系统 紫杉醇洗脱支架（SES）通过聚合物涂层控制药物释放速率，6 个月内局部药物浓度维持在抑制平滑肌增殖的有效范围。

2. 诊断设备的表面功能化 ELISA 芯片表面固定抗体（如抗 COVID－19 刺突蛋白抗体），检测灵敏度提升 10 倍。

答案解析

一、选择题

1. 以下表面改性技术常用于在医用钛合金表面制备羟基磷灰石（HA）涂层，以增强其生物相容性的是（ ）
   A. 阳极氧化　　B. 等离子喷涂
   C. 化学气相沉积（CVD）　　D. 溶胶－凝胶法
2. 通过电化学方法在金属表面形成致密氧化层以提高耐腐蚀性的技术是（ ）
   A. 激光表面处理　　B. 离子注入
   C. 阳极氧化　　D. 物理气相沉积（PVD）
3. 溶胶－凝胶法在医用金属表面改性中的主要优势是（ ）
   A. 可制备超疏水表面　　B. 适用于复杂形状的基材
   C. 低温处理避免生物分子变性　　D. 显著提高材料硬度
4. 激光表面改性技术（如激光熔覆）对医用金属的主要作用是（ ）
   A. 降低材料密度　　B. 在表面形成纳米级孔隙结构
   C. 细化晶粒并提高耐磨性　　D. 增加材料弹性模量
5. 近年发展的“仿生表面改性”技术的主要目标是（ ）
   A. 模拟天然骨组织的多级结构以促进骨整合　　B. 提高金属的 X 线显影性
   C. 完全消除金属离子释放　　D. 降低制造成本

二、思考题

1. 形态学方法在不改变金属基体表层化学组成的情况下，是如何对生物体组织在金属表面的黏附、生长以及黏附强度产生重要影响的？其微观机制是什么？

2. 新型的表面改性技术（如激光表面处理、等离子体处理等提到的新型技术）与传统的医用金属材料表面改性技术（如形态学方法、生物化学方法中的传统手段）相比，在应用于不同的医用场景（如心血管植入物、牙科植入物）时，各自的适用范围如何界定？

3. 在兼顾涂层的高耐磨性、优良的耐蚀性和生物相容性方面，未来可能会有哪些新的涂层形成原理和制备工艺出现？如何利用前沿技术（如人工智能、大数据等）来优化这些新工艺？

书网融合……

本章小结

参考文献

[1] 杨柯，王青川．生物医用金属材料[M]．北京：科学出版社．2021.

[2] 李强，于景媛，石萍，等．生物医用多孔金属材料的制备及表面改性[M]．北京：冶金工业出版社，2016.

[3] 彭秋明，任立群，杨猛．生物医用金属[M]．北京：中国建材工业出版社．2020.

[4] 邹黎明，刘瑞洋，蔡瑛，等．固溶处理对粉末注射成形高氮无镍不锈钢组织和性能的影响[J]．钢铁钒钛，2024，45（04）：137－142.

[5] 张新茹，林常瑞，顾婷婷．镁合金生物可降解的研究进展[J]．辽宁化工，2024，53（07）：1060－1064.

[6] 杨柯，任玲，于亚川．医用含铜抗菌金属——从研究走上应用[J]．集成技术，2021，10（03）：69－77.

[7] 范燕，徐昕荣，石志峰，等．生物医用金属材料表面改性的研究进展[J]．材料导报，2020，34（S2）：1327－1329.

[8] 李珊，刘超，晏怡果．医用金属材料在骨科应用中的生物功能化[J]．中国组织工程研究，2021，25（34）：5523－5529.

[9] 陶寿晨，徐吉林，罗军明．含铜医用金属抗菌材料的研究现状[J]．特种铸造及有色合金，2019，39（11）：1182－1186.

[10] 翟旺，陈伟，叶继红，等．金属材料氢渗透测试试验方法研究进展[J]．当代化工，2025，54（01）：191－196.

[11] 庄俊城，曾玉祥，贾均平，等．室温下金属材料力学性能测试影响因素[J]．中国冶金教育，2024，（02）：81－84.

[12] 李鹏举，张平萍，史铭楷，等．金属材料全自动洛氏硬度测试系统设计应用[J]．金属制品，2022，48（05）：29－31＋37.